电网建设工程质量管理标准化及其评价体系研究

袁太平　邹贵林　张万辞　著

·北京·

内 容 提 要

本书在分析质量管理发展现状和电网建设工程管理现状的基础上，响应电网建设工程高质量发展的需求，介绍了一套既适用于电力建设企业，又适用于电网建设工程项目的电网建设工程质量管理标准化评价体系，包括了体系构建的思路、配套的评价指标体系和评价机制、具体的评价方法、运行指引等，建立促进电网建设工程质量管理循环提升的长效机制。

本书可为服务电力企业和电网建设工程的从业人员把握电网建设工程质量管理发展趋势、开展电网建设工程质量管理标准化建设和提升质量管理水平提供参考和借鉴。

图书在版编目（CIP）数据

电网建设工程质量管理标准化及其评价体系研究 / 袁太平，邹贵林，张万辞著. -- 北京 : 中国水利水电出版社，2022.11
ISBN 978-7-5226-1052-8

Ⅰ. ①电… Ⅱ. ①袁… ②邹… ③张… Ⅲ. ①电力工程－工程质量－工程验收－标准体系－研究 Ⅳ. ①TM7-65

中国版本图书馆CIP数据核字(2022)第194022号

书　名	**电网建设工程质量管理标准化及其评价体系研究** DIANWANG JIANSHE GONGCHENG ZHILIANG GUANLI BIAOZHUNHUA JI QI PINGJIA TIXI YANJIU
作　者	袁太平　邹贵林　张万辞　著
出版发行	中国水利水电出版社 （北京市海淀区玉渊潭南路1号D座　100038） 网址：www.waterpub.com.cn E-mail：sales@mwr.gov.cn 电话：（010）68545888（营销中心）
经　售	北京科水图书销售有限公司 电话：（010）68545874、63202643 全国各地新华书店和相关出版物销售网点
排　版	中国水利水电出版社微机排版中心
印　刷	天津嘉恒印务有限公司
规　格	184mm×260mm　16开本　13.25印张　322千字
版　次	2022年11月第1版　2022年11月第1次印刷
定　价	**98.00**元

前言

"十四五"时期，国家治理体系和治理能力现代化建设进入了新的实施阶段，要求加速推进质量强国建设，并强化基础设施支撑引领作用。立足新发展阶段，电网建设工程如何贯彻新发展理念，以更好地服务"双碳"目标和推进新型电力系统建设，已成为满足人民群众对美好生活的电力需要、推动电网高质量发展的重要研究方向。

为适应电网建设工程高质量发展的需求，本书在广泛调研质量管理发展现状和电网建设工程管理现状的基础上，构建了一套既适用于电力建设企业，又适用于电网建设工程项目的电网建设工程质量管理标准化评价体系，建立了配套的评价指标体系和评价机制，明确了具体可操作的评价方法。通过问卷调研和实证分析，验证了研究提出的电网建设工程质量管理标准化评价体系的合理性和适用性，并编制了电网建设工程质量管理标准化评价体系运行指引文件，形成了促进电网建设工程质量管理循环提升的长效机制，为电网建设工程质量治理提供了标准化的评价体系和提升方向。

本书共10章，其中，第1章介绍了质量和质量管理的演变与发展；第2章介绍了质量管理模式和方法；第3章介绍了电网建设工程质量要素；第4章介绍了高质量发展背景下的电网建设工程质量管理现状；第5章介绍了基于电网建设工程质量管理现状的标准化策划；第6章介绍了电网建设工程质量管理标准化评价体系的构建思路；第7章介绍了电网建设工程质量管理标准化评价体系的构建研究；第8章介绍了电网建设工程质量管理标准化的评价方法与实证分析；第9章介绍了电网建设工程质量管理标准化评价体系实施指引；第10章结论与展望。本书对读者把握电网建设工程质量管理发展趋势、开展电网建设工程质量管理标准化建设等具有参考价值。同时，编者希望本书能成为服务电力企业和电网建设工程从业人员的重要载体，在推动电网建设工程高质量发展中发挥积极作用。

本书在撰写过程中，得到了中国南方电网有限责任公司基建部、供应链管理部、生产技术部、安全监管部等部门，以及相关省级电网有限责任公司的大力支持和帮助，在此表示最诚挚的谢意！由于作者水平有限，本书难免存在错漏与不足，恳请广大读者指正。

作者

2022年11月

目录

第1章 质量和质量管理的演变与发展

质量是人类生产生活的重要保障，电网建设工程质量关系人民生命财产安全，关系到一个地区、城市甚至国家和民族的形象，不仅影响到工程实用性和投资效果，特别是对于大型工程建设，一旦发现重大的工程质量问题，会直接影响到公共利益、安全和社会稳定。因此，电网建设工程质量已成为人们日益关注的焦点，并成为企业生存和发展的前提和保证，质量管理也成为建设世界一流企业最重要的任务之一。

在过去的一个世纪中，质量管理学科通过不断地完善和发展，形成了一系列的重要理论、工具和方法，用于指导企业的质量策划、质量控制、质量保证和质量改进等工作。实践证明，对于质量管理，只有了解其发展历史，认真贯彻和执行其基本理论和方法，把握其发展方向，才能使企业在新发展阶段中行稳致远。

1.1 质量

“质量”具有非常丰富的内涵和广阔的概念属性，在当代社会中已经成为一个非常常见的词汇，企业、政府以及其他相关组织都将质量作为其管理的关键目标之一。质量常常是顾客用来评价所使用产品或所享受服务的重要参数。

在20世纪，随着质量在市场环境中发挥着不断变化的作用，质量的定义也发生了相应的演变。

约瑟夫·朱兰对质量的定义是：质量就是适用性，是指产品在使用时能满足使用者的需求的程度。这一定义是从使用者的角度，对产品符合需求程度的考量，即质量的好坏是由使用者评定。产品质量随着使用者感受的变化而变化，而不是由产品提供者决定。所以，质量要满足顾客的需求，并不是功能越多、性能越好就代表质量越好。

田口玄一在看待质量问题时，并不局限于产品的特性或者客户对产品质量的需求。他认为当产品出厂时所造成的社会损失越小，其产品质量就越高。就产品质量而言，所影响的不仅是购买产品的个人，有时社会也必须为此付出代价。在运营层面，对于质量的认识主要集中在价值创造过程中，经常以转换过程为基础，强调的是产品供给侧。

菲利普・克劳士比指出质量意味着与相关要求的一致性程度。在这一认知下，质量意味着所制造的产品或提供的服务符合相关设计或规格要求的程度，任何偏差都是对质量的损害，良好的质量常常要求“一次就做对”。

《质量管理和质量保证　术语》（GB/T 6583—1994/ISO 8402：1994）中关于质量的定义为“质量是反映实体（产品、过程或活动等）满足明确和隐含需要的能力的特征和特性的总和”。

《质量管理体系　基础和术语》（GB/T 19000—2016/ISO 9000：2015）中规定了“质量是指一组固有特性满足要求的程度”。质量不仅指产品的质量，也包括产品生产活动或过程的工作质量，还包括质量管理体系运行的质量。质量由一组固有的特性来表征（所谓“固有的”特性是指本来就有的、永久的特性），这些固有特性是指满足顾客和其他相关方要求的特性，以其满足要求的程度来衡量。而质量要求是指明示的、隐含的或必须履行的需要和期望，这些要求是动态、发展和相对的。质量反映实体满足和隐含需要能力的特性之总和。“实体”是指承载质量属性的具体事物，包括产品、过程服务和活动三种，对于不同种类的实体，质量的特性、对于质量的要求也是不同的。质量定义的演变如图 1－1 所示。

								新发展理念
							社会价值观	社会价值观
						生活观	生活观	生活观
					期望	期望	期望	期望
				需求	需求	需求	需求	需求
			要求	要求	要求	要求	要求	要求
		使用	使用	使用	使用	使用	使用	使用
	标准	标准	标准	标准	标准	标准	标准	标准
指示	指示	指示	指示	指示	指示	指示	指示	指示
1910—1930年	1930—1950年	1950—1960年	1960—1970年	1970—1980年	1980—1990年	1990—2000年	2000—2010年	2010—2020年

图 1－1　质量定义的演变

从图 1－1 中可以看出，质量定义是根据竞争因素的不同而发展的。随着竞争的多样化，质量成了主要竞争因素之一，产品生产者以及后来的服务提供者都不得不将他们的关注重点从工程设计转向了顾客的期望。在这种情况下，研究发现顾客的观点反映了顾客的需求、期望、生活观，以及近年来所产生的社会价值观、新发展理念。这种新的认识为当代质量定义奠定了新的基础，即质量应满足不断发展变化的需要和期望。

1.2　质量管理

1.2.1　质量管理的演变

与质量定义的演变类似，质量管理也在不断演进，主要经历：①1900—1940 年，质量检验阶段；②1940—1960 年，统计质量控制阶段；③1960 年之后，全面质量管理阶段；④1980 年之后，卓越绩效模式、六西格玛管理、精益管理等，如图 1－2 所示。

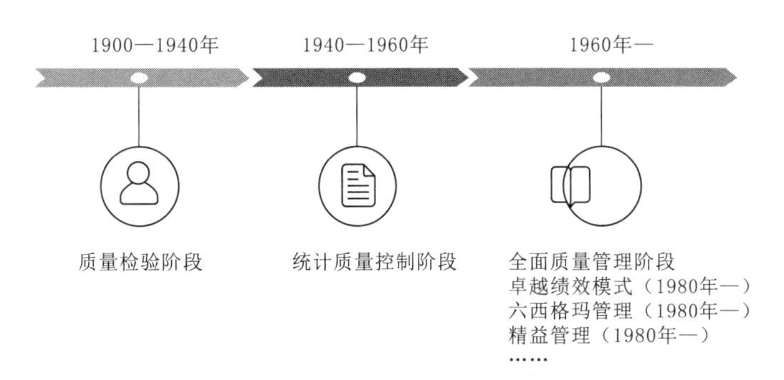

图 1－2　质量管理的演变

1.2.1.1　质量检验阶段

20 世纪初，机械化大生产出现，检验职能从生产职能中分离，其演进历程为：工人自检→工长监督检查→检验员专检。

“科学管理之父”费雷德里克·温斯洛·泰勒，提出科学管理方法和职能化组织理论，将质量检验作为管理职能从生产过程中分离，建立独立检查部门和专职检验制度，同时，基于大批量生产的产品技术标准的建立和公差界限的规定，为质量检验奠定了基础。

1.2.1.2　统计质量控制阶段

1940—1960 年，美国贝尔电话实验室的休哈特等提出抽样检验的概念，最早把数理统计技术应用到质量管理领域，运用数理统计方法，从产品的质量波动中找出规律性，用以评定、改进与保持产品的质量，以减少对检验的依赖，使生产的各个环节控制在正常状态，从而更经济地生产出品质优良的产品。

虽然与质量检验阶段相比，统计质量控制要科学和经济许多，开创了质量管理的新局面，但是统计质量控制也有其缺点。其主要缺点如下：

（1）统计质量控制仅仅是达到产品标准而已，未考虑是否满足顾客需要。

（2）该方法限于对工序进行控制，而未考虑对质量形成的全过程进行控制，难以预防废品的发生，经济性仍然不理想。

（3）由于过分强调统计质量控制，使人们误以为质量管理就是统计方法，同时由于数理统计比较深奥，一般员工和管理人员很难理解，使人们认为质量管理是统计学家的任务，因此这种管理方法推广比较困难。

1.2.1.3　全面质量管理阶段

1961 年，美国通用电气公司的阿曼德·费根堡姆首先提出全面质量管理（TQC）概念，指出全面质量管理是为了能够在最经济的水平上并考虑到充分满足客户需求的条件下进行市场研究、设计、生产和服务，把企业各部门的研制质量、维持质量和提高质量的活动构成一体的有效体系。

随后，日本引进美国质量管理办法，发展为全公司质量管理（CWQC），首创了质量管理小组（QCC）方法、田口方法、5S 管理（即整理、整顿、清洁、清扫和素养）、全面生产维护（TPM）、质量功能展开（QFD）和丰田生产方式（TPS）等，归纳了新七种、老七种工具并普遍用于质量改进和质量控制。质量管理的技术和工具中，主要包括传统的检查、测试、统计抽样和六西格玛等。通常将因果图、流程图、直方图、检查表、散点图、排列图和控制图称为“老七种工具”，而将相互关系图、亲和图、树状图、矩阵图、优先矩阵图、过程决策程序图和活动网络图称为“新七种工具”，通过以上创新，进一步丰富了全面质量管理的内容。

1979 年，美国质量专家克劳斯比，确立第一次就把事情做对和零缺陷理论。零缺陷的思想基本原则是：明确需求、做好预防、一次做对、科学衡量。

1985 年，国际汽车计划组织（IMVP）作为一支国际性的研究队伍，耗资 500 万美元，历时五年，对全世界 17 个国家或地区的 90 多个汽车制造厂进行调查和对比分析，得出了大量研究成果，并出版了《改变世界机器》一书，介绍了一种以日本丰田生产方式——“精益生产”为原型的“精益管理”。

1987 年是质量管理发展史上最重要的一年。国际标准化组织发布其第一套管理标准 ISO 9000 质量管理体系；摩托罗拉公司提出六西格玛管理并正式实施；美国国会通过《马尔科姆·波多里奇国家质量改进法》，决定启动波多里奇国家质量奖评审，将 TQC 发展到全面质量管理 TQM 的一个里程碑，为 TQM 建立了一个从过程到结果的卓越绩效模式评价框架。由 TQC 向 TQM 的演进，实质上是质量概念由“产品和服务质量满足顾客需求”向“大质量综合满足顾客及相关方需求”，质量管理由“全面的质量管理”向“全面质量的管理”。

国际标准化组织 ISO 8402：1994 将 TQM 定义为“一个组织以质量为中心，以全员参与为基础，目的在于通过让顾客满意和本组织所有成员及社会受益而达到长期成功的管理途径”。视其为一种卓越经营的哲学和方法。

20 世纪 80 年代后期，美国创建了一种世界级企业成功的管理模式——卓越绩效模式，其核心是强化组织的顾客满意意识和创新活动，追求卓越的经营绩效。

“卓越绩效模式”得到了美国企业界和管理界的公认，该模式适用于企业、事业单位、医院和学校。世界各国许多企业和组织纷纷引入实施，其中施乐公司、通用公司、微软公司、摩托罗拉公司等世界级企业都是运用卓越绩效模式取得出色经营结果的典范，卓越绩效模式的本质是对全面质量管理的标准化、规范化和具体化。

20 世纪 90 年代，摩托罗拉迈克尔·哈瑞、比尔·史密斯和理查德·施罗德，在首席执行官鲍勃·高尔文支持下，全公司范围内实施和推广，于 1992 年其产品和服务质量达到六西格玛管理质量水平。同年，博西迪将六西格玛管理引入联合信号公司，此后德克萨斯仪器等公司相继引入六西格玛管理。

1.2.2　质量管理活动

很多质量管理的理论和方法已经有百年历史，直到目前，质量管理还在不停地发展。而关于质量管理定义的解析，目前主要以 ISO 9000：2015 关于质量管理的定义为准。

依据《质量管理体系　基础和术语》（GB/T 19000—2016/ISO 9000：2015），质量管理是指在质量方面指挥和控制组织的协调的活动。与质量有关的活动，通常包括质量方针和质量目标的建立、质量策划、质量控制、质量保证和质量改进等。所以，质量管理可以理解为建立和确定质量方针、质量目标及职责，并在质量管理体系中通过质量策划、质量

控制、质量保证和质量改进等手段来实施和实现全部质量管理职能的所有活动。

1. 质量方针和质量目标的建立

质量方针是指："由组织的最高管理者正式发布的该组织的质量宗旨与质量方向"。实际上，质量方针是在较长的一段时间内进行质量活动组织的最根本的行为指南以及准则。基于此，在组织内，质量方针稳定性相对较强，同时具有严肃性。质量方针必须和技术改造、投资以及人力资源等方针相协调。通常情况下，质量方针应该和组织企业的整体方针是一致的，组织的质量方针能够为质量目标的制定提供框架，同时质量管理原则是质量方针制定的理论基础。为了质量方针的有效实施，必须使得质量方针具体化，也就是说，质量方针要能够向可行的质量目标转化，实现组织内的质量方针目标的管理。对于质量的追求目的是质量方针的目标。一般情况下，基于组织的质量方针制定质量目标，通常情况下对于组织的层次以及相关的职能要分别进行质量目标的规定。

2. 质量策划

质量策划作为质量管理的一部分，质量策划对质量目标进行制定，同时对质量目标的运行进行相应的规定，对于实现质量目标的有关资源进行规定。也就是说，质量策划主要涵盖的内容包括：质量策划能够为管理者进行质量方针的制定以及质量目标的实现提供建议；质量策划能够对顾客的质量要求进行分析，同时对设计的规范进行完善；质量策划能够评审产品设计的成本；质量策划可以通过产品规格以及产品标准，对产品的质量进行控制，确保产品质量合格；质量策划能够提供进行质量控制与检验的研究方法；质量策划实现了对工序能力的研究；质量策划可以进行培训活动的开展；质量策划的研究和实施能够实现对供应商进行质量控制与评估。

3. 质量控制

质量控制作为质量管理的一部分，能够确保质量满足要求。为了实现质量的要求，需要通过一系列的措施，作业技术以及活动。为了实现质量要求采用的管理技术以及专业技术都属于作业技术的范畴，作业技术实际上是进行质量控制的方法与措施的总和。活动则指的是掌握有关技术以及技能的人通过作业技术而进行的有组织，有计划的系统性的质量职能的活动。进行质量控制，其目标就是对于过程中造成质量不满意的原因进行监控与排除，从而能够获得经济效益。基于此，质量控制的对象是产品质量形成的全过程以及产品质量形成的各个环节；同时，进行质量控制必须基于以预防为主的措施，结合检验措施，换句话说，也就是质量环节的每一项作业技术以及活动都必须处在有效的受控情况下。

通常而言，在质量控制中实施作业技术以及活动的流程为：

（1）控制计划和控制标准的确定。

（2）控制计划和控制标准的实施，同时监视，评估以及检验实施过程。

（3）对质量问题进行分析同时查找原因。

（4）通过有效措施，将质量问题产生的原因进行排除。

4. 质量保证

质量管理的一部分重要内容是质量保证，质量保证指的是能够提供质量满足要求得到的信任。能够为客户，本组织的最高的管理者以及第三方提供信任是质量保证的核心问题。基于此，组织需要有足够的证据，也就是说有足够的管理证据以及实物质量的测定

证据。

因为不同的目的，质量保证包括了外部质量保证与内部质量保证。

(1) 外部质量保证通常应用在合同环境。

(2) 内部质量保证指的是为了使本组织的最高的管理者能够对组织的具有的满足质量要求的能力存在足够的信任而采取的各种措施与活动。

5. 质量改进

质量改进是指能够增强质量要求的能力，质量改进也是属于质量管理的一部分内容，为了使得顾客以及组织的双方的收益最大化，从而进行质量改进。事实上，顾客与组织的收益最大化不但是质量改进的目的，同时也是组织内部能够进行可持续发展的动力，保证了组织获得成功。质量改进活动与质量形成的全过程相关，涉及质量形成的每一个环节以及人员、设备、技术、方法以及资金等每一项资源。质量改进活动需要有机会有秩序地进行，同时质量改进需要对任何一个组织成员的积极性与主动性进行调动。质量改进的流程为组织计划、分析、诊断、改进。

实际上，质量策划的实施与演绎是质量控制，其目的就是能够保证服务或者产品能够满足事先要求的质量要求。质量管理中最根本的职能活动就是质量控制，质量控制的活动以及作业技术一般都拥有程序化以及规定性的特征。通常而言，现有的质量管理体系对质量控制有约束作用，然而目标能够对现状进行超越。对项目进行改进时，通过不同的措施，寻找突破口，从而寻找解决问题的途径，进而使得活动质量，资源质量以及过程提高。质量改进活动基本都是基于项目的特点，质量改进的结果通常能够提高质量的标准，从而使得资源，活动以及过程能够在更高和更加合理的水平上处于质量控制情况。

1.2.3　质量管理体系

质量管理体系包含了“为了实现质量管理需要的程序、资源、过程以及组织结构”。

(1) 程序是指为了实现某种活动而采用的措施。通常情况下，程序以文件的形式对活动的目的、活动的对象、活动的范围、活动的地点、活动的时间、活动方式进行规定，同时还规定了活动的设备、材料等，规定活动的记录与控制等。

(2) 资源是指必需、充分且适宜的资源，包括人员、资金、设施、设备、料件、能源、技术和方法。

(3) 过程是指把输入转化成输出的一组相互联系以及相互作用的活动的总称。

(4) 组织结构是指为了行使组织的职能，从而构建的权限、职责以及它们之间相互关系，包括了权限和质量管理职能、领导的职责、质量机构设置、各种机构的质量职能、各种机构的职责、各种机构的权限、各种机构的相互关系，还包括了质量信息和质量工作网络之间的传递。

质量管理的核心是构建质量管理体系。质量管理体系是包括组织机构、权限、职责以及程序的管理能力以及资源能力的整合。质量管理体系实际上是质量管理的载体，其建立与运行的基础是质量管理的实施。每一个组织都有质量管理的程序、资源、过程以及组织结构，因此，每一个组织客观都有质量管理体系。而组织的作用就是使其健全，有效与科学。构建质量管理体系必须基于组织内部的环境与特点进行综合的考虑。作用一个组织管

理系统，质量管理体系无法进行直观展示。基于此，构建质量管理体系需要有相应的体系文件。质量手册、质量计划、程序性文件和质量记录等都是质量管理体系文件。

1.3 质量文化和品牌

质量发展是强国之基、立业之本和转型之要。文化是一个国家、一个民族的灵魂。党的十九届五中全会明确提出要“建设质量强国”“建成文化强国”。质量文化是建设质量强国、文化强国的重要内容，也是社会主义核心价值观的重要体现，对促进质量提升、质量发展具有举足轻重的作用。因此，推动质量管理向质量文化升华具有重要意义。

质量文化作为一个解释当代质量实践活动的基本概念，其指的是“以近、现代以来的工业化进程为基础，以特定的民族文化为背景，群体或民族在质量实践活动中逐步形成的物质基础、技术知识、管理思想、行为模式、法律制度与道德规范等因素及其总和”。从一个企业或者组织来看，质量文化是企业（组织）文化的核心，而企业（组织）文化又是社会文化的重要组成部分，企业质量文化的形成和发展反映了企业文化的成熟程度；从一个电网建设工程来看，质量文化是其质量发展的综合体现和质量竞争力核心要素。

世界著名的质量管理大师菲利普·克劳士比先生指出：“质量是政策和文化的结果。只有改变员工的心智与价值观念，树立楷模与角色典范，才能使质量改进成为公司文化的一部分。质量管理就是有目的地创建这种组织的文化。”

美国朱兰质量科学研究院执行副院长鲁贝斯勒认为企业文化、企业作风、企业行为反映在全面质量管理上，就是质量文化、企业文化在 TQM 中的表现是作为质量文化的核心内涵。

美国学者道格拉斯指出：质量文化是企业整体文化中的重要组成部分，是指企业在满足用户需求过程中所体现出的整体性的信念、价值观等特征，质量文化建设的核心目标是通过更好地满足用户需求来创造更大价值，质量文化包括质量意识和质量管理，其发展基础在于员工意识和企业的质量生态环境。

质量文化是企业和社会在长期生产经营中形成的涉及质量空间的意识、规范、价值取向、思维方式、道德水平、行动准则、法律观念以及风俗习惯和传统习惯等“软件”的总和。质量文化建设是与企业的质量管理活动紧密联系在一起的。质量管理孕育质量文化，为企业质量文化的建设与发展提供肥沃的现实土壤。

质量文化作为企业文化的一个重要部分，一般是指企业在生产经营活动中所形成的涉及质量方面的质量价值观、质量意识和质量品味，它是企业内部明确的或隐含的处理质量问题的方式与机制，并广泛包含和体现于企业的产品、员工所表现出来的质量形象上。

中国质量协会在《我国企业质量文化建设模式》课题研究成果中解释道：“质量文化是企业文化的重要组成部分，它是企业领导和全体员工在质量方面所共有的价值观、信念和行为规范及其表现的总和，它是企业在围绕保证和提高产品/服务质量，为顾客和其他相关方创造价值的实践中逐渐形成的。”

质量文化是企业文化的重要组成部分，是企业文化在质量方面的综合体现，具有企业文化的固有属性；是企业在长期的生产经营活动中自然形成的一系列有关质量的价值观、行为规范、思维方式及风俗习惯等的总和；是企业以质量为中心，建立在物质文化基础上，与质量意识和质量活动密切相关的精神活动的总和。优秀企业的质量文化能够引导企业走质量经营道路，实现卓越的经营绩效。

质量文化不等于质量和文化的简单相加。质量文化的形成首先起始于对质量意识的认识和理解。全面质量管理最重要的因素是全员的质量意识，企业质量文化建设和高层管理者的态度、承诺密切相关，高层管理者的支持和参与，是质量文化建设顺利开展的必须前提条件。对质量意识的理解和掌握不只是质量概念和方法，更客观的是形成一种文化氛围，确保质量意识能真正付诸实施。质量文化的形成还体现在质量价值观的培养和确定。质量文化作为一种共同价值观念，其塑造是一个非常微妙而又复杂的心理体验过程。随着时间的推移，质量文化不断地得到改进或变革。企业的职工在个性、品行、气质、文化素养和社会背景等诸多方面存在着很大的差异，要在如此复杂多样的个体当中形成一种共同的价值观念，必须经过长时期耐心地倡导和培育。企业质量文化的发展动力是市场（顾客）不断增长的需求。ISO 9000 质量管理体系在总结各国质量管理活动和质量管理专家智慧的基础上，提出了质量管理八项原则。八项原则给组织提供了有所为和有所不为的准则和依据，构成了质量文化的核心观念。这些价值观是质量文化追求的目标。

质量品牌是质量文化发展的一定程度，具有行业影响力的一个标志。在质量强国、文化强国目标的指引下，我国的质量文化建设在历史传承中创新发展，各地区、各部门、各行业不断加大质量文化建设，大力弘扬工匠精神，持续推动优质工程评选和宣传，作为基础设施建设的重要组成部分，电网建设工程的质量文化建设也应适应建设社会主义现代化强国的第二个百年奋斗目标迈进，将质量管理凝练成质量文化，将质量文化打造成质量品牌，不断推动电网建设工程质量管理的示范引领作用。

第2章 质量管理模式和方法

从1978年开始，我国就在全国推行和推广全面质量管理。40多年来，我国在不断吸收国外的诸多先进质量管理方法的基础上，引入了ISO 9000质量管理体系、QC小组、精益管理、六西格玛管理、卓越绩效模式等质量管理模式和方法，促进了我国的质量管理和质量水平的升级。但与此同时也在实践中发现，一味引进、应用国外的质量管理模式，难以完全有效解决我们发展中面临的诸多质量问题，我国需要进行质量管理创新。进入21世纪以来，世界质量管理的理论和方法工具创新几乎陷入了停滞，产品质量的保障和提升一方面依赖于以前的质量方法工具；同时越来越多地依赖于先进的生产制造设施，这无疑给质量管理的创新提供了新的舞台与契机。习近平总书记曾强调指出，创新是企业的动力之源，质量是企业的立身之本，管理是企业的生存之基，必须抓好创新、质量、管理，在激烈的市场竞争中始终掌握主动。

2.1 全面质量管理

全面质量管理的相关概念是由美国质量分析专家费根堡姆和约瑟夫·朱兰于20世纪50年代末提出的。全面质量管理指组织旨在不断提高质量、以全体员工参与为基础、运用专业技术和现代管理技术对影响质量的各种因素进行全面、系统地管理和控制的所有活动。与传统的质量管理相比，全面质量管理更加重视全面质量和质量管理工作，而不仅仅局限于产品本身的质量或项目本身的质量。

2.1.1 目标

全面质量管理的目标是为了以最经济的条件持续满足顾客要求的情况下，开展市场研究、产品设计、生产和服务，把企业的研发质量、维持质量、改进质量的活动构成一个完整有效的体系。

2.1.2 特点

全面质量管理的主要特点可以概括为“三全一多”。

1. 全企业的质量管理

全企业的质量管理可以从横向与纵向两个维度进行理解。

（1）横向指质量职能是分散在全企业的有关部门中的，要保证和提高质量，就必须将分散在各企业各部门的质量职能充分发挥出来。但由于各部门的职责和作用不同，其质量管理的内容是不一样的。为了有效地进行全面质量管理，就必须加强各部门之间的组织协调，并且为了从组织上、制度上保证企业长期生产出符合规定要求、满足客户期望的产品，最终必须要建立起全企业的质量体系，使企业的所有研制、维持和改进质量的活动构成为一个有效的整体。建立和健全企业质量体系是全面质量管理深化发展的重要标志。

（2）纵向指可以将企业从组织学的角度划分为上、中、下层次。全企业的质量管理，要求企业的质量管理活动在各个层级开展，不同的层级的管理有不同的要求和侧重点。

1）上层即最高经营管理层或战略决策层，侧重从企业整体利益出发进行质量决策、制定企业的质量方针、质量目标、质量政策和质量计划，并协调企业各部门、各环节、各类人员的质量管理活动，保证企业经营目标的实现

2）中层为经营管理层，主要负责贯彻落实上层管理者的质量决策，为基层工作进行具体的管理。

3）下层为执行层或操作层，主要职能为按照制定的计划和流程，协调推进基层组织的各项工作和实施计划。从管理职能来看，产品质量管理职能分散在企业的各个部门中，要保证和提高产品的质量，就需要把分散在各个部门的质量控制职能运用起来。但是根据企业各个部门的职责划分，其质量管理的内容也有所不同。

2. 全过程的质量管理

任何产品的质量，都有一个产生、形成和实现的基本过程。这个过程由多个相互关联和相互影响的环节构成，各个环节都不同程度地影响产品质量。因此，需要控制影响产品或服务质量的所有环节和因素。要保证产品质量或服务的质量，不仅要做好生产或作业过程的质量管控，还要对设计、交付和服务过程进行质量管理。将质量形成全过程的各个环节或有关因素管理起来，形成一个综合性的质量管理体系，做到预防为主，防验结合。

3. 全员的质量管理

全员的质量管理即要求全企业的员工都参与到质量管理中。产品质量是企业各部门、各环节和各类职工的全部工作结果的综合反映。因此，全面质量管理要求企业上至最高层领导、下至各阶层管理人员和一线操作员工都应关心产品质量，参加各种质量管理活动。通过全员参与，可以调动员工的主观能动性和创造力，同时也让每个人都知道自己应该做什么、如何去做。

4. 多样性质量管理

全面质量管理的综合性要求企业进行质量管理的方法是全面的、多种多样的，它是由多种管理技术和管理方法组成的综合性方法体系。影响产品质量的因素是多方面的：既有物的影响，又有人影响；既有技术的影响，又有管理的影响；既有组织内部的影响，又有组织外部的影响。要对众多的影响因素统筹管理，单靠一两种管理方法或者技术是不可能实现的，必须根据不同的情况，灵活运用各种管理方法和技术。

2.1.3 基本方法

全面质量管理的基本方法可以概况为一个过程、四个阶段、八个步骤、数理统计方法。

1. 一个过程

即企业管理是一个过程。企业在不同时间内，应完成不同的工作任务。企业的每项生产经营活动，都有一个产生、形成、实施和验证的过程。

2. 四个阶段

根据管理是一个过程的理论，美国的戴明博士把它运用到质量管理中来，总结出“计划（Plan）-执行（Do）-检查（Check）-处理（Act）”四阶段的循环方式，简称PDCA循环，又称“戴明循环”。

3. 八个步骤

为了解决和改进质量问题，PDCA循环中的四个阶段还可以具体划分为八个步骤。

（1）计划阶段。

步骤1：分析现状，找出存在的质量问题。

步骤2：分析产生质量问题的各种原因或影响因素。

步骤3：找出影响质量的主要因素。

步骤4：针对影响质量的主要因素，提出计划，制定措施。

（2）执行阶段。

步骤5：执行计划，落实措施。

（3）检查阶段。

步骤6：检查计划的实施情况。

（4）处理阶段。

步骤7：总结经验，巩固成绩，工作结果标准化。

步骤8：提出尚未解决的问题，转入下一个循环。

4. 数理统计方法

在应用PDCA四个阶段、八个步骤来解决质量问题时，需要收集和整理大量的书籍资料，并用科学的方法进行系统的分析。最常用的七种统计方法：排列图、因果图、直方图、分层法、相关图、控制图及统计分析表。

2.2 质量管理体系

质量管理体系（Quality Management System，QMS）是指在质量方面指挥和控制组织的管理体系。质量管理体系是组织内部建立的、为实现质量目标所必需的、系统的质量管理模式，是组织的一项战略决策。

它将资源与过程结合，以过程管理方法进行的系统管理，根据企业特点选用若干体系要素加以组合，一般包括与管理活动、资源提供、产品实现以及测量、分析与改进活动相关的过程组成，可以理解为涵盖了从确定顾客需求、设计研制、生产、检验、销售、交付之前全过程的策划、实施、监控、纠正与改进活动的要求，一般以文件化的方式，成为组织内部质量管理工作的要求。

质量管理体系的特点包括：

（1）它代表着现代企业或政府机构思考如何真正发挥质量的作用和如何最优地作出质量决策的一种观点。

（2）它是深入细致的质量文件的基础。

（3）质量体系是使公司内更为广泛的质量活动能够得以切实管理的基础。

（4）质量体系是有计划、有步骤地把整个公司主要质量活动按重要性顺序进行改善的基础。

任何组织都需要管理。当管理与质量有关时，则为质量管理。质量管理是在质量方面指挥和控制组织的协调活动，通常包括制定质量方针、目标以及质量策划、质量控制、质量保证和质量改进等活动。实现质量管理的方针目标，有效地开展各项质量管理活动，必须建立相应的管理体系，即质量管理体系。它可以有效进行质量改进。ISO 9000 质量管理体系是国际上通用的质量管理体系。ISO 9000：2015 质量管理原则包含：以顾客为关注焦点、领导作用、全员积极参与、过程方法、改进、循证决策、关系管理 7 个方面。

2018 年 1 月，国务院印发《关于加强质量认证体系建设促进全面质量管理的意见》要全面贯彻党的十九大精神，以习近平新时代中国特色社会主义思想为指导，按照实施质量强国战略和质量提升行动的总体部署，运用国际先进质量管理标准和方法，构建统一管理、共同实施、权威公信、通用互认的质量认证体系，推动广大企业和全社会加强全面质量管理，全面提高产品、工程和服务质量，显著增强我国经济质量优势，推动经济发展进入质量时代。为质量管理体系推广应用提供了有力的政策基础。

2.3　卓越绩效模式

卓越绩效模式是 20 世纪 80 年代后期美国创建的一种世界级企业成功的管理模式，其核心是强化组织的顾客满意意识和创新活动，追求卓越的经营绩效。卓越绩效模式得到了美国企业界和管理界的公认，世界各国许多企业和组织纷纷引入实施。其中，施乐公司、通用公司、微软公司、摩托罗拉公司等世界级企业都是运用卓越绩效模式取得出色经营结果的典范。

卓越绩效模式正日益成为一种世界性标准。全球已有 60 多个国家或地区，先后开展了卓越绩效模式的推广与普及。2004 年 8 月 30 日，中华人民共和国国家质量监督检验检疫总局和中国国家标准化管理委员会发布了《卓越绩效评价准则》（GB/T 19580）和《卓越绩效评价准则实施指南》（GB/Z 19579）。

我国加入 WTO 以后，企业面临全新的市场竞争环境。为进一步提高企业质量管理水平，从而在激烈的市场竞争中取胜，成为了已获得 ISO 9000 质量管理体系认证的企业所面临的现实问题。卓越绩效模式是世界级成功企业公认的提升企业竞争力的有效方法，也

是我国企业在新形势下经营管理的努力方向。

一个追求成功的企业，可从管理体系的建立、运行中取得绩效，并持续改进其业绩、取得成功；但对于一个成功的企业如何达到卓越，则由“模式”进行评价。企业采用这一标准集成的现代质量管理的理念和方法，不断促使管理业绩走向卓越。

2.4 目标管理

20世纪50年代，美国管理学家德鲁克提出目标管理是以目标的设置和分解、目标的实施及完成情况的检查、奖惩为手段，通过员工的自我管理来实现企业的经营目的一种管理方法，该方法被称为“管理中的管理”：一方面强调完成目标，实现工作成果；另一方面重视人的作用，强调员工自主参与目标的制定、实施、控制、检查和评价。

经典管理理论对目标管理的定义为：目标管理是以目标为导向，以人为中心，以成果为标准，而使组织和个人取得最佳业绩的现代管理方法。目标管理亦称“成果管理”，俗称“责任制”，是指在企业个体职工的积极参与下，自上而下地确定工作目标，并在工作中实行“自我控制”，自下而上地保证目标实现的一种管理办法。

1954年，美国管理大师彼得·德鲁克在其名著《管理实践》中最先提出了“目标管理”的概念，其后又提出“目标管理和自我控制”的主张。其认为：“并不是有了工作才有目标；相反，是有了目标才能确定每个人的工作”。

“企业的使命和任务，必须转化为目标”。如果一个领域没有目标，这个领域的工作必然被忽视。因此，管理者应该通过目标对下级进行管理，当组织最高层管理者确定了组织目标后，必须对其进行有效分解，转变成各个部门以及各个人的分目标，管理者根据分目标的完成情况对下级进行考核、评价和奖惩。

目标管理的概念被提出后，在美国得以迅速推广。时值西方经济由恢复转向迅速发展时期，企业急需新的方法来调动员工积极性以提高竞争能力，目标管理很快被日本、西欧部分国家的企业所采用。

2.5 六西格玛管理理论

六西格玛管理理论是当今先进的质量理论之一。摩托罗拉公司最早在质量管理方面应用该理论并取得了引人注目的成就；后又被逐步推广到通用电气、ABB等一些公司，并很快成为新的质量标准。现在六西格玛管理系统和方法因其良好的经济性和可操作性，已被各大公司广泛接受和采用。

1. 六西格玛理论是一个统计测量基准。

(1) 其明确了目前产品、服务和工序的真实水准；与其他类似或不同的产品、服务和工序进行比较；通过比较，了解自身情况定位好努力的方向和实施方法。六西格玛管理有助于企业建立目标和测试客户满意度。

(2) 六西格玛作为一种工作策略，极大地帮助企业在竞争中占取先机。当改进了工序的西格玛值，产品质量改善，成本下降，客户满意度就会上升。

2. 六西格玛管理法是一种统计评估法

六西格玛管理法的核心是追求零缺陷生产，防范产品责任风险，降低成本，提高生产率和市场占有率提高顾客满意度和忠诚度。六西格玛管理法既着眼于产品、服务质量，又关注过程的改进。六西格玛即“6σ”，其中的“σ”是希腊字母，在统计学上用来表示标准偏差值，用以描述总体中的个体离均值的偏离程度。测量出的 σ 值表示诸如单位缺陷、百万缺陷或错误的概率性，σ 值越大，缺陷或错误就越少。“6σ”是一个目标，该质量水平表示所有的过程和结果，99.99966％是无缺陷的。例如做 100 万件事情，其中只有 3.4 件是有缺陷。六西格玛管理关注过程，特别是企业为市场和顾客提供价值的核心过程。过程能力为 σ，σ 值越大则过程的波动越小，过程以最低的成本损失、最短的时间周期、满足顾客要求的能力就越强。六西格玛理论认为，大多数企业在 3σ～4σ 运转，即每百万次操作失误为 6210～66800，这些缺陷要求经营者以销售额的 15％～30％进行弥补或修正；如做到 6σ，弥补资金将降至销售额的 5％左右。

2.6　零缺陷理论

20 世纪 60 年代初，被誉为“全球质量管理大师”“零缺陷之父”和“伟大的管理思想家”的克劳士比提出了“零缺陷”思想，并在美国推行零缺陷运动。零缺陷思想后传至日本，并在制造业中得到了全面推广，使日本制造业的产品质量得到迅速提高，并且领先于世界水平，继而进一步扩大到工商业所有领域。研究认为大型项目工程本身具有其庞大的企业参与体系、大量的人员资本物料投入、多种多样的影响因素和复杂交错的工程分类，同时一旦工程发生任何人员、财务的风险，必将会对项目工程带来巨大的影响，因此作者从零缺陷管理角度保证了大型工程本身管理的全面性与完整性。零缺陷理论自 20 世纪 70 年代末创立至今，经过不断完善，已成为一整套质量管理的经典哲学，受到了包括 IBM、GEA、摩托罗拉、施乐等世界知名企业的推崇，并已成为这些企业创造质量奇迹进而迅速发展壮大的强劲动力。

零缺陷理论的核心为“第一次就把事情做对”。认为质量不可以用“好”“美丽”“漂亮”等词来形容，不可加入主观色彩。要求是客观存在的，符合要求即为产品、服务或过程是高质量的。

质量是由人把控的，如人对质量的理念或态度出现偏差，则质量体系再完善，质量控制方法再先进，都是无用的。因此，零缺陷理论最强调自上而下强烈的质量意识及其对工作的影响：每个人所做的每件事，第一次就要符合要求。

“零缺陷管理”的基本内涵和基本原则为：基于宗旨和目标，通过对经营各环节各层面的全过程全方位管理，保证各环节各层面各要素的缺陷趋向于“零”。其具体要求是：

（1）所有环节都不得向下道环节传送有缺陷的决策、信息、物资、技术或零部件，企业不得向市场和消费者提供有缺陷的产品与服务。

（2）每个环节每个层面都必须建立管理制度和规范，按规定程序实施管理，责任落实到位，不允许存在失控的漏洞。

(3) 每个环节每个层面都必须有对产品或工作差错的事先防范和事中修正的措施，保证差错不延续并提前消除。

(4) 在全部要素管理中以人的管理为中心，完善激励机制与约束机制，充分发挥每个员工的主观能动性，使之不仅是被管理者，而且是管理者，以零缺陷的主体行为保证产品、工作和企业经营的零缺陷。

(5) 整个企业管理系统根据市场要求和企业发展变化及时调整。完善，实现动态平衡，保证管理系统对市场和企业发展有最佳的适应性和最优的应变性。

2.7 精益管理

精益管理源于精益生产。精益生产（Lean Production，LP）是由美国沃麦克等专家提出的。通过“国际汽车计划（IMVP）”对全世界17个国家的90多个汽车制造厂进行调查和对比分析，得出日本丰田汽车公司的生产方式是最适用于现代制造企业的一种生产组织管理方式的结论。

精益管理要求企业的各项活动都必须运用“精益思维”（Lean Thinking）。“精益思维”的核心就是以最小资源投入，包括人力、设备、资金、材料、时间和空间，创造出尽可能多的价值，为顾客提供新产品和及时的服务。

精益管理的目标可以概括为：企业在为顾客提供满意的产品与服务的同时，把浪费降到最低程度。企业生产活动中的常见浪费现象如下：

(1) 错误：提供有缺陷的产品或不满意的服务。

(2) 积压：因无需求造成的积压和多余的库存。

(3) 过度加工：实际上不需要的加工和程序。

(4) 多余搬运：不必要的物品移动。

(5) 等候：因生产活动的上游不能按时交货或提供服务而等候。

(6) 多余的运动：人员在工作中不必要的动作；提供顾客并不需要的服务和产品。

努力消除这些浪费现象是精益管理的最重要的内容。

2.8 质量管理小组活动

质量管理小组是在生产或工作岗位上从事各种劳动的职工，围绕企业的经营战略、方针目标和现场存在的问题，以改进质量、降低消耗，提高人的素质和经济效益为目的而组织起来，运用质量管理的理论和方法开展活动的小组。质量管理小组是企业中群众性质量管理活动的一种有效组织形式，是职工参加企业民主管理的经验同现代科学管理方法相结合的产物。

现代企业管理是以人为中心的管理，管理的基本对象是人，实现企业方针目标要依靠全体人员的积极性、创造性。质量管理小组是吸引广大群众积极参与质量管理的有效形式，具有广泛的群众性，有利于实现全员参加管理。在生产、经营、服务现场均蕴藏着无限的人力资源，为企业、为社会做贡献，这种人力资源是办好企业的根本保证。通过质量

管理小组活动，职工群众互相学习，互相帮助，共同提高；质量管理小组活动使每一个职工都关心自己的工作和周围的环境，努力把工作做好，并不断改善周围环境。质量管理小组活动还可以克服职工由于从事简单重复工作而产生的单调乏味情绪，增加工作的乐趣，进行富有创造性的小组成员自找问题，与同伴一起进行研究分析，解决问题，因而改进工作及周围环境，从中获得成功的乐趣，体会到自身价值和工作的意义，体验到生活的充实与满足，有助于提高职工的科学思维能力、组织协调能力、分析与解决问题的能力，产生更高的工作热情，激发出巨大的积极性和创造性，自身潜在智力与能力得到更大限度地发挥。通过开展质量管理小组活动，小组成员在工作中共同探讨、团结互助、不断提高，还能在工作中改善人与人之间的关系，构建和谐的氛围和环境，有利于增强企业凝聚力和团结协作精神。

质量管理小组活动强调运用质量管理的理论和方法开展活动，使管理工作具有严密的科学性及规范性。质量管理小组在活动中遵循科学的工作程序，步步深入地分析问题、解决问题，在活动中坚持用数据说话，用科学的方法解决问题，通过活动不断进行管理工具及管理方法的改进，使管理水平不断得到提高。通过不断改进和提高各环节管理工作质量，使管理水平得到全方位的提高，有效促进企业各方面管理工作的改进，从而改善企业管理，提高企业素质。

2.9 质量链管理

自 20 世纪末以来，随着供应链管理方法的应用推进，全面质量管理的概念应运而生，应用领域也随之扩大，质量链管理模式逐渐形成。质量链的概念。是由加拿大学者最先提出的。他们综合了 QFD、SPC、SPI、供应链及工序性能、产品特性值、工序能力等重要的质量概念，梳理了它们之间的有机联系，旨在帮助质量工程专业学生全面、系统地理解质量相关概念；通过进一步研究基于 Web 网络服务的质量链，得出了其具有可管理性、安全性、可测量性和互用性等特征；探讨了质量链管理的过程和数据库的可靠性，认为质量链管理可以大大提高企业的敏捷性和竞争力；通过分析内部集成、客户集成和供应商集成对质量一致性的影响因素，提出了更加完整的供应链产品质量概念框架，并以人为因素分析了其对供应链和质量管理的影响。

质量链管理是指以信息流、价值流和质量流为对象，多组织、多要素共同参与质量的形成和实现过程，以通过控制关键链节点来实现各参与主体的协调合作，提高其增值效率。

质量链管理要求注重产品的质量，重点是要满足客户的质量需求，将整个产品质量形成和产出过程与质量功能网络模式联系起来，监测产品质量信息的流动，从而优化产品质量，保证持续改善产品的同时提高每个参与企业的竞争力。因为实施质量链管理涉及不同成员的利益和文化差异，因此成员间的协同管理不是单一企业内部质量链管理模式的复制，而是一种涉及业务、技术等多层次的系统化管理。因此，需要各成员共同努力，建立统一的信息技术和管理架构。基础环境层、技术平台层、执行层和目标层共同组成了质量链管理的实施框架。

质量链管理的运行模式在于找出关键质量影响因素、确定质量改进目标、分析耦合效应和评价运作绩效，然后根据相应问题进行质量管理的持续改进，以此构成了质量链管理的运行模式。通过开发质量链管理信息系统实现工程过程质量信息的高效传递。

质量链是一个动态的链式结构，它随着企业运作过程的变化而不断变化。质量信息是质量链管理的主要内容，通过对质量信息的统计和分析，可以发现质量链中出问题以及可能出问题的环节，从而对这些环节进行针对性地改善以提高产品质量。质量链管理的特征如下：

(1) 核心企业发挥主导作用。核心企业在质量链中的作用表现为控制和协调其他组织质量链中的运作方式，优化关键链节点上的耦合效应，提升质量链满足顾客要求的能力。

(2) 成员企业各自承担不同的质量职能。成员企业本身都具有各自的质量保证体系，在基于特定产品的质量链中扮演不同角色，承担不同的质量职能。

(3) 质量信息定向有序流动。质量信息的流动过程，就是把顾客需求定向有序地转化为产品质量特性、进而形成业务过程特性的流程。对质量信息的集成是质量链管理的重要内容之一。

(4) 质量活动呈现明显的"骨牌"效应。质量链上各组织将根据质量链运行的要求不断发生相互影响和相互作用，某个组织行为的变化可能导致其他组织行为的变化，从而引起更多的相关组织行为变化，形成质量活动的"骨牌"效应。

(5) 组织文化与价值观的差异制约质量链功能的实现。由于质量链中各组织的环境、文化、价值观、生产结构和经营理念的不同，将产生组织间利益的冲突。此外，技术、设施、组织制度等也可能成为质量链运行的约束条件。

2.10 质量指数

指数或称统计指数，是一种对研究对象变动情况进行动态分析的方法。指数的概念最早出现于18世纪中叶，当时的欧洲物价飞涨，引起社会不安，为了反映物价情况，采用商品现有价格和原有价格对比来反映价格变动程度。经过200多年的发展，指数的应用范围从物价扩展到了社会经济生活的方方面面，其概念也经历了由"窄"到"宽"的发展过程。目前，指数的定义可分为广义和狭义两种：广义的指数是指一切说明社会现象数量变动和差异程度的相对数；狭义的指数是一种特殊的相对数，用于反映不能直接相加的复杂社会现象的综合变动状况。

按所反映的内容不同，可以分为数量指数（Quantity Index）和质量指数（Quality Index）。数量指数是反映物量变动水平的，如产品质量指数、商品销售量指数等；质量指数是反映事物内含数量变动水平的，如价格指数、产品成本指数等。

2005年，广东省出台了《广东省建筑工程质量评价指标体系（试行）》，该质量评价指标体系以国家建设工程质量管理的方针政策为导向，结合广东省实际，采用点面结合的方法，通过一系列定性或定量的数据，运用数理统计学理论，建立"质量计算指数"数学模型，从而能够较准确地得出反映本地区建筑工程各质量评价分项指数和总体质量评价指数，并得出本地区质量状况的综合性结论。上海市也针对自身的建设工程质量指数编制的

研究，运用统计学理论、数理统计方法、指数函数方程，建立数学模型，计算质量指数，评价工程质量。

2.11　基于建筑信息模型（BIM）的质量管理

1. 基于建筑信息模型（BIM）的工程设计

（1）根据所有专业的计算机辅助设计（CAD），系统提前准备好的数据信息，完成三维设计。

（2）以三维设计的三维模型为基础，根据不同专业、不同工种、不同工序之间的相互关系中得到各自的模型逻辑。

（3）通过建筑信息模型（BIM）一体化设计平台开展各专业间的协同设计与管理，如果某一专业因技术要求修改了某一个部分参数，其他相关专业也会随之更改，可以实现智能化设计和可视化设计，减少相互间的消耗。

2. 基于建筑信息模型（BIM）的施工与管理

（1）按照建筑信息模型（BIM）所能集成的综合模型进行集成项目交付模型（IPD）项目管理实现。有经验的工程师绘制收集各方资料的时候，对项目的设计、建造等内容进行重点过程的模拟设计，所有的建筑信息模型（BIM）三维模型均可在可视化的环境中实现。

（2）在 4D 施工管理方面来看，可视化、集成和动态管理可以更加有效地结合三维模型，将所有模型信息连接到施工现场建立功率集成数据结构，进而建立一个数据结构的其他建设项目 4D 图像中的一个特定形式，从而完成现场施工进度可视化、一体化动态仿真和管理。

（3）从协同工作的角度来讲，建筑信息模型（BIM）一体化平台可以使得所有相关方之间实现文件共享、数据共享、信息共享、工作协同等，诸多的立场是可以利用建筑信息模型（BIM）一体化平台很容易实现。

3. 基于建筑信息模型（BIM）的运营维护管理

（1）对于各种数据信息的整合之后，再对相关的信息进行共享。电网建设工程项目的全生命周期是从项目初始的设计开始，到项目竣工完成。在其全生命周期内包含：最初的规划和设计信息、承包商的选定信息、成本控制信息、工程的造价信息、竣工验收信息等。建筑信息模型（BIM）技术能够将这些本身常规的信息进行合理的整合，然后对于全生命周期的电网建设工程项目提供极大的支持，达到资源整合并共享。

（2）将全生命周期的运维管理进行到客观可视化展示。建筑项目的运维管理，日常性遇到的较大问题是维修故障发生之后往往无法被较容易察觉，存在较多的隐蔽工程和监控死角。一旦发生问题，往往要通过工作人员的经验根据纸质资料信息进行判断，而经验判断结果的准确性往往不高。建筑信息模型（BIM）技术则较好地解决了工作上问题，对问题的判断更加准确、及时。利用建筑信息模型（BIM）技术的可视化特点，将所有的信息进行整合并分析，建立可视化模型，提供强大的技术支持。同时，在建筑项目进行移交或者人员变动的时候，不会出现信息缺失保障建筑项目的完整、可持续性运行维护。

（3）对突发情况的处理和决策。如遇突发情况，应急处理显得尤为重要。相关预警信息由建筑信息模型（BIM）进行整合和处理，相关数据进行集成，保证了即使在相关情况不清晰的条件下，也可通过建筑信息模型（BIM）开展应急处理。工作人员针对已经发生突发事件进行分析，并就相关危险情况的处理和解决方案进行确认。建筑信息模型（BIM）的技术支持大大减少了不可预见性的问题的发生。建筑信息模型（BIM）技术的运维管理还能够为非专业的工作人员提供最大的技术支持。当专业工作人员未能第一时间到达现场，可通过已经整合的信息和分析结果，对突发情况和问题进行最大限度的处理。在未发生相关突发情况时，还可以利用建筑信息模型（BIM）技术进行演练和应对测试。

2.12 基于区块链的质量管理

区块链是一种基于计算机程序和广泛参与的去中心、进行分布式记账的开放式账本。区块链的核心是通过去中心化和相互信任的方式共同维护数据库的可靠性，并帮助人们在彼此不熟悉的各领域内实施合作。它由一系列基于加密技术的数据块构成，在区块链概念中被称为“区块”。区块根据所产生的时间顺序进行连接，形成一种链结构，称为“区块链”。区块链中的每个参与者都可以将其记录的信息共享给整个区块链网络，参与维护的每个节点企业都有权在没有第三方组织参与的情况下获得完整的信息数据库，即可实现点对点的信息交互与共享。分布式存储、密码学、博弈论和网络协议等是区块链所涉及的主要技术领域。

1. 基本架构

区块链的基本架构自下而上可分为数据层、网络层、共识层、激励层、合约层和应用层。

（1）数据层主要包括底层数据区块的链结构以及相关的加密数据和时间戳，是区块链模型中最基础的结构。

（2）网络层由 P2P 组网机制、数据发布和数据验证机制等组成，它是去中心化存储方式的结构基础。

（3）共识层。网络节点间的各种共识机制算法被封装在共识层中，保证了分布式网络的正常运行。

（4）激励层主要引入了与经济因素相关的发行和分销机制，其主要出现在公有链当中，在实际的应用场景中不需要必须体现。

（5）合约层。各类自动脚本、算法和智能合约被封装在合约层中，这是区块链与其他应用场景耦合的重要接口。

（6）应用层。应用层结合各种业务场景，将区块链应用于实践。

2. 优势

将区块链应用于工程质量管理的优势如下：

（1）质量信息透明，彼此之间足够信任。区块链中提到的企业间的合作运作，依赖于“共识机制”，而非“链主”手中的权力。在“共识机制”下，企业间的协同操作是指一组确定的工作流。因为区块链联盟内的参建单位之间的质量信息可以依靠区块链实现不同程

度的信息公开，这在某种程度上像是一个“透明的”数据库。项目中的每一笔交易都会被记录，有利于工程审计和监督。此外，区块链联盟在确定参建单位后，需要向全网广播相关参数信息，并征求全网节点的同意，既保证全网节点对新交易的理解和控制，也可为联盟组织成长过程中的类似节点提供了公平竞争的机会，避免了信息不对称带来的风险。因此，区块链联盟内的参建单位之间会有足够的信任，这样的工作流程能够维护企业的利益，成为行业间协同运作的标准。参与区块链联盟的参建单位不再需要浪费时间互相博弈，而是将更多的精力投入在节约成本和提升工程质量管理效率上，最终为用户提供更好的产品和服务。

(2) 质量信息可追溯，权责问题明确。区块链的每个区块都有一个时间戳，可以记录输入质量信息的时间。根据时间序列，可以查询任何节点的所有数据，在工程项目中，有助于追踪物资材料供应和施工安装过程中出现的各种质量问题。当工程质量链条上出现争议时，问题也很容易被解决。由于“区块链”完整记录了企业之间的各种交易信息，能够可靠地追踪物资材料来源，防止假冒伪劣问题的发生和错误的施工安装。同时，区块链不可篡改、信息记录可追溯的特性，使得质量信息在经过层层传递后，链上参与单位仍能有效地核实数据信息的准确性。

(3) 质量信息安全性加强，提高处理质量问题的能力。质量信息的安全性体现在以下方面：

1) 新加入联盟的节点必须得到验证。如果散布虚假信息，经确认后将从联盟组织中逐出，以确保整个联盟组织的稳定与安全。

2) 每个节点都可以从联盟组织中获取一个私人密钥，并将公用密钥发送给需要查看信息的其他节点。以往收集的相关信息单独存储在加密信息数据库中，而当前新的数据块会在加入区块链之前扩散到每个节点，具有分布式安全的特点。如果一个节点的数据有问题，它将与其他节点进行比较。如果要对数据进行篡改，需要对绝大多数节点数据进行篡改，这是很难做到的。

3) 将“区块链”与物联网、人工智能等相关领域结合起来，可以处理大量复杂的工程交易数据和信息，并在处理过程中自动更新和修改联盟企业质量链的规则，从而提高质量链上各企业应对工程不确定性的能力。

2.13　基于大数据的质量管理

早期的质量管理由于所获信息受到限制，在产品的生产过程中存在数据不全面、各环节不能有效衔接的问题，重点表现在以下方面：①生产前，由于对客户信息掌握不全面或者不准确，导致产品定位与目标客户的需求出现偏差，进而了影响产品设计和生产质量；②生产过程中，未能及时、准确抓取产品生产所涉及的供应商、人员、物料、质量等信息，导致产品质量问题未被快速发现、产品合格品率降低；③售后环节，对产品使用情况掌握不全面，通过回访和问卷调查了解顾客满意度，缺乏主动性与客观性，难以及时发现质量问题、推动产品创新。

1997年，美国国家航空航天局（NASA）阿姆斯科研中心的大卫·埃尔斯沃斯和迈

克尔·考克斯在研究数据的可视化问题时，首次使用了“大数据”概念。1998年，发表在《科学》(*Science*)杂志上的一篇文章“大数据科学的可视化”，正式出现了“大数据”一词。随后，大数据被广泛关注，其概念及内涵得到不断丰富。同时，其相关技术也渗透到了各行各业中。

在大数据背景下，质量管理模式已经发生了很大转变，已经由传统管理模式转变为信息化管理模式，显著提高了质量管理效率。从目前来看，质量管理过程中应用的信息化技术较多，最常采用且效果显著的有物联网技术、云计算技术、海量存储技术。借助这些新技术，质量管理人员可以全面地掌握整个项目情况，大大提升后续决策的合理性和可行性。

依托大数据技术开展工程质量管理需要建立完善的信息化系统，通过大数据分析、数据支撑管理等，推动工程质量管理水平提升。

(1) 全面提升信息化水平。2014年，中华人民共和国住房和城乡建设部（以下简称“住建部”）在《工程质量治理两年行动方案》（建质〔2014〕130号）提出“建立工程质量监督管理机制，改变工程质量监督检查模式，对工程质量安全实施有效监督”，“在2015年年底前完成工程质量监管一体化工作平台建设，实现数据一个库、监管一张网、管理一条线的监管目标”。我国建筑业全面推进信息化工作以来，建筑企业在信息系统的应用上取得了较大的进步，已有超过90%的施工和勘察设计企业应用了专业软件。

(2) 全面提升数据分析能力。建立工程质量管理信息系统，就是需要利用先进的管理手段、技术措施和监管模式对传统的信息管理平台进行优化，获取建筑企业内外部数据，并且将数据信息等反馈给相关企业，从统一化的数据平台，为工程监管，企业价值提升提供基础支撑。

(3) 全面提升数据支撑管理。工程质量管理信息系统核心是将获取的数据进行清洗、处理、分析和挖掘。最终得到有价值的信息，为工程质量管理决策提供依据，为企业优化发展路径提供帮助。工程质量管理是运用计算机技术，通过物联网与传感技术网络，获取内外部数据，实现工程建设全面、及时、有效的管理。

(4) 全面提升质量管理依据。工程质量管理的大数据为项目质量管理提供有效依据。工程质量管理需要依托海量的实时数据信息、参考全面的监管图像数据信息、了解多部门的检测数据、获取企业及时的施工数据等。这些数据的反馈、分析和共享，为政府管理部门的监督、预测提供了数据基础。这些数据可以全息掌握混凝土抗压强度、砂浆抗压强度、水泥物理性能、钢筋的焊接等数据的真实性，降低信息不对称程度，为管理水平上升提供支持。

2.14 质量管理标准化

《中共中央 国务院关于开展质量提升行动的指导意见》指出了破除质量提升瓶颈、夯实国家质量基础设施的方向，并对改革完善质量发展政策和制度、加强组织领导作出了部署。文件要求加快推进工程质量管理标准化，提高工程项目管理水平，发挥质量标杆企业和中央企业示范引领作用，要坚持以企业为质量提升主体。加强全面质量管理，推广应用

先进质量管理方法，提高全员全过程全方位质量控制水平。全面提高质量，推动中国经济发展进入质量时代，强调提高供给质量是供给侧结构性改革的主攻方向，坚持以质量第一为价值导向，明显提升工程质量，有效治理质量突出问题，显著增强中国建造的国际竞争力。

《住房城乡建设部关于印发工程质量安全提升行动方案的通知》（建质〔2017〕57 号）中要求完善工程质量管控体系，建立质量管理标准化制度和评价体系，推进质量行为管理标准化和工程实体质量控制标准化，开展工程质量管理标准化示范活动；《住房城乡建设部关于开展工程质量管理标准化工作的通知》（建质〔2017〕242 号），提出要建立健全企业日常质量管理、施工项目质量管理、工程实体质量控制、工序质量过程控制等管理制度、工作标准和操作规程，建立工程质量管理长效机制，实现质量行为规范化和工程实体质量控制程序化，建立质量管理标准化评价体系。

在电网建设工程实践中，质量管理标准化仍然处于探索阶段。电网建设工程项目质量管理标准化是指在电网建设工程过程中，以电网建设工程项目为对象，以施工工序和相关事件的发生为主线，以打破各单位间质量管理的矛盾和障碍，实现质量目标为目的，参建各方须共同遵循的，相互协作、相互制约、统一执行的项目质量管理体系标准。电力建设电网工程项目质量管理标准化是对电力建设电网工程项目质量管理标准作出统一规定，可供共同和反复使用，以保证该领域的最佳秩序与最大效益。电力建设电网工程项目质量管理是贯穿整个工程建设始终的，涉及工程开工、原材料采购、设备管理、施工控制、验收移交等方方面面，坚持以一套普适化、固定化的标准统一电网建设工程质量管理标准化评价体系，进而实现工程质量管理精益化、系统化与规范化，已成为探索全面提升电网建设工程质量水平的新工具。

第3章 电网建设工程质量要素

《现代管理词典》中关于“工程”一词介绍如下：全面质量管理中的“工程”是指人、机器、材料、方法、测量和环境这六大因素相结合而形成的生产过程，如工序、工艺流程等，一般运用较大而复杂的设备来进行工作。本书涉及“工程”主要指以电力设备及其配套建筑实体为代表的电网建设工程；根据电网建设工程质量管理基本内容和工程质量基本特点，分析电网建设工程质量的特性及主要影响因素。

3.1 电网建设工程质量管理基本内容

电网建设工程质量管理基础工作包括保证工程能满足工程策划和设计的各项要求所需实施组织的工作，质量管理作为组织管理的中心环节，为满足人民对美好生活的电力需要，工程建设者开展质量管理基础工作的类型包括质量策划、质量控制、质量保证和质量改进等，并对系列工作进行精心的计划、组织、协调、审核及检查，以实现质量计划目标，这一系列工作统称为电网建设工程质量管理基础工作，工程建设的不同阶段对质量形成起着不同的作用和影响，具体如下：

1. 项目可行性研究阶段

项目可行性研究是在项目建议书和项目策划的基础上，运用经济学原理对投资项目的有关技术、经济、社会、环境及所有方面进行调查研究，对各种可能的拟建方案和建成投产后的经济效益、社会效益和环境效益等进行技术经济分析、预测和论证，确定项目建设的可行性，并在可行的情况下，通过多方案比较从中选择出最佳建设方案，作为项目决策和设计的依据。在此过程中，需要确定工程项目的质量要求，并与投资目标相协调。因此，项目的可行性研究直接影响项目的决策质量和设计质量。

2. 项目决策阶段

项目决策阶段是通过项目可行性研究和项目评估，对项目的建设方案做出决策，使项目的建设充分反映业主的意愿，并与地区环境相适应，做到投资、质量、进度三者协调统一。所以，项目决策阶段对工程质量的影响主要是确定工程项目应达到的质量目标和水平。

3. 工程勘察设计阶段

工程的地质勘察是为建设场地的选择和工程的设计与施工提供地质资料依据。而工程设计是根据建设项目总体需求（包括已确定的质量目标和水平）和地质勘察报告，对工程的外形和内在的实体进行筹划、研究、构思、设计和描绘，形成设计说明书和图纸等相关文件，使得质量目标和水平具体化，为施工提供直接依据。

工程设计质量是决定工程质量的关键环节。工程采用什么样的平面布置和空间形式、选用什么样的结构类型、使用什么样的材料、构配件及设备等，都直接关系到工程主体结构的安全可靠，关系到建设投资的综合功能是否充分体现规划意图。在一定程度上，设计的完美性也反映了一个国家的科技水平和文化水平。设计的严密性、合理性也决定了工程建设的成败，是建设工程的安全、适用、经济与环境保护等措施得以实现的保证。

4. 工程施工阶段

工程施工是指按照设计图纸和相关文件的要求，在建设场地上将设计意图付诸实现的测量、作业、检验，形成工程实体建成最终产品的活动。任何优秀的设计成果，只有通过施工才能变为现实。因此工程施工活动决定了设计意图能否体现，直接关系到工程的安全可靠、使用功能的保证，以及外表观感能否体现建筑设计的艺术水平。在一定程度上，工程施工是形成实体质量的决定性环节。

5. 工程竣工验收阶段

工程竣工验收就是对工程施工质量通过检查评定、试车运转，考核施工质量是否达到设计要求；是否符合决策阶段确定的质量目标和水平，并通过验收确保工程项目质量。所以工程竣工验收对质量的影响是保证最终产品的质量。

3.2　电网建设工程质量基本特点

电网是电力市场运营的载体，电力工程的质量水平不但对电网安全稳定运行、用户的可靠供电有直接影响，而且对电力市场的运营和企业的经济效益至关重要。

3.2.1　电网建设工程特点

电网建设工程的特点是由电网建设工程本身和建设生产的特点决定的，具体如下：

（1）产品的固定性，生产的流动性。

（2）产品多样性，生产的单件性。

（3）产品形体庞大、投入大、周期长，具有风险性。

（4）产品的社会性，生产的外部约束性。

3.2.2　电网建设工程质量特点

电网建设工程的特点决定了电网建设工程质量包括影响因素多、质量波动大等特点。

1. 影响因素多

工程质量包括决策质量、设计质量、施工质量（包括安装质量、设备质量、材料质量）和其他质量等，均对其总体质量形成起着重要作用和影响。电网建设工程质量受到多种因素的影响，如决策、设计、材料、机具、设备、施工方法、施工工艺、技术措施、人员素质、工期、工程造价等，这些因素直接或间接地影响工程质量。

2. 质量波动大

电网建设工程具有单件性、流动性的特点。

（1）单件性指每个工程都不相同，不能照抄其他工程项目的管理方式和组织设计、工程进度。

（2）流动性是指工程一旦施工完毕，施工队伍就会转移施工现场。

电网建设工程不像一般工业产品那样有固定的生产流水线，有规范化的生产工艺和完善的检测技术、有成套的生产设备和稳定的生产环境，同时由于影响电力工程质量的偶然因素和系统因素比较多，其中任一个因素发生变动，都会使工程质量产生波动，所以工程质量容易产生波动。

3. 质量隐蔽性强

电网建设工程在施工过程中，分项工程交接多、中间产品多、隐蔽工程多，因此质量存在隐蔽性。若在施工中不及时进行质量检查，事后只能从表面上检查，就很难发现内在的质量问题，这样就容易产生判断错误，将不合格品误认为合格品。

4. 竣工验收的局限性高

工程项目建成后不可能像一般工业产品那样依靠竣工验收来判断产品质量，或将产品拆卸、解体来检查其内在的质量，或对不合格零件可以更换。而电网建设工程项目的竣工验收无法进行工程内在质量的检验，发现隐蔽的质量缺陷。因此，工程项目的竣工验收存在一定的局限性。这就要求工程质量控制应以预防为主，防患于未然。

5. 评价方法的特殊性强

电网建设工程建成投产运行以后，不能像一般进行产品可拆地检查内部质量。如果项目完工后，只就工程表面进行检查，很难判断其质量优劣。因此，为防止工程出现质量隐患，项目质量评定和检查须贯穿于工程建设的全过程。

电网建设工程质量的检查评定及验收是按检验批、分项工程、分部工程、单位工程进行的。检验批的质量是分项工程乃至整个工程质量检验的基础，检验批质量合格主要取决于主控项目和一般项目经抽样检验的结果。隐蔽工程在隐蔽前要检查合格后方可进行验收，对于涉及整个电力系统安全的重要调试项目，以及有关高压电气设备的试验，应按规定进行监理人员旁站监理，涉及系统安全的重要分部工程要由总监理工程师进行监督检查。

电网建设工程质量验收是在施工单位按合格质量标准自行检查合格的基础上，由总监理工程师（或建设单位项目负责人）组织有关单位、有关人员进行竣工验收，确认是否可以投运。这种评价方法体现了“验评分离、强化验收、完善手段、过程控制”的指导思想。

3.3　电网建设工程质量特性及主要影响因素

3.3.1　电网建设工程质量

电网建设工程质量包括电网设备安装工程质量及其配套建筑实体质量，是电网设备或（建）构筑物适合一定用途，满足人民对美好生活的电力需要所具备的特性。通常包括工程的功能要求、耐用年限、安全程度、经济性以及造型美观等因素。

3.3.2　特性

电网建设工程质量与其他工程质量相比存在相应的特性，即电网建设工程作为一种特殊的产品，除具有一般产品共有的质量特性外，还具有特定的内涵。电网建设工程质量的特性如下：

1. 适用性

适用性即功能，是指电网建设工程满足使用目的的各种性能。包括：理化性能、化学性能、结构性能及使用性能。

2. 耐久性

耐久性即寿命，是指电网建设工程在规定的条件下，满足规定功能要求使用的年限，也就是工程竣工后的合理使用寿命期。

3. 安全性

安全性是指电网建设工程建成后在使用过程中保证结构安全、保证人身和环境免受危害的程度。

4. 可靠性

可靠性是指电网建设工程在规定的时间和规定的条件下完成规定功能的能力。工程不仅要求在交工验收时要达到规定的指标，而且在一定的使用时期内要保持应有的正常功能。如工程上的防洪与抗震能力、防水隔热、恒温恒湿措施、电力设备运行可靠性，都属可靠性的质量范畴。

5. 经济性

经济性是指电网建设工程从规划、勘察、设计、施工到整个产品使用寿命周期内的成本和消耗的费用。具体表现为设计成本、施工成本、使用成本三者之和，包结从征地、拆迁、勘察、设计、采购（材料、设备）、施工、配套设施等建设全过程的总投资和工程在使用阶段的能耗、水耗、维护保养乃至改建更新的使用维修费用．通过分析比较。判断工程是否符合经济性要求。

6. 节能性

节能性是指电网建设工程在设计与建造过程中满足节能减排、降低能耗的标准和有关要求的程度。

7. 与环境的协调性

与环境的协调性是指电网建设工程与其周围牛本环墙协调。与所在地区经济环境协两

及与周围已建工程相协调，以适应可持续发展的要求。

3.3.3 主要影响因素

电网建设工程质量主要影响因素如下：

1. 人员素质

人是生产经营活动的主体，也是工程项目建设的决策者、管理者及操作者。人员素质是影响工程质量的一个重要因素。建筑行业实行资质管理和专业从业人员持证上岗制度是保证人员素质的重要管理措施。

2. 工程材料

工程材料是指构成工程实体的各类建筑材料、构配件、半成品等，它是工程建设的物质条件，是工程质量的基础。工程材料选用是否合理、产品是否合格、材质是否经过检验、保管使用是否得当等，都将直接影响建设工程的结构刚度和强度，影响工程外表及观感，影响工程的使用功能，影响工程的使用安全。

3. 机械设备

机械设备可分为以下两类：

(1) 组成工程实体及配套的工艺设备和各类机具。

(2) 施工过程中使用的各类机具设备。

施工机具设备对工程质量也有重要的影响。工程所用机具设备，其产品质量优劣直接影响工程使用功能质量。施工机具设备的类型是否符合工程施工特点，性能是否先进稳定，操作是否方便安全等，都将会影响工程项目的质量。

4. 方法

方法是指工艺方法、操作方法和施工方案。在工程施工中，施工方案是否合理，施工工艺是否先进，施工操作是否正确，都将对工程质量产生重大的影响。采用新技术、新工艺、新方法，不断提高工艺技术水平，是保证工程质量稳定提高的重要因素。

5. 环境条件

环境条件是指对工程质量特性起重要作用的环境因素，包括工程技术环境、工程作业环境、工程管理环境、周边环境等。环境条件往往对工程质量产生特定的影响。加强环境管理，改进作业条件，把握好技术环境，辅以必要的措施，是控制环境对质量影响的重要保证。

第4章 高质量发展背景下的电网建设工程质量管理现状

在我国，工程质量管理伴随质量管理模式方法、质量要素的演变，其发展历程分为四个阶段。截至目前，电网建设工程质量管理建立了以电网建设工程质量监督体系为主，其他企业体系为辅的质量监管模式。在此背景下，电网建设工程企业和项目的质量管理的概念与主体也逐渐得到了相对固化。

4.1 电网建设工程质量管理的发展历程

我国工程质量管理的发展历程分为四个阶段。

1. 第一阶段（1953—1963 年）——单一施工企业内部质量检查制度

1953 年《中央人民政府重工业部关于在基本建设中深入贯彻责任制与提高工程质量的指示》中提出“基本建设部门应当根据本身建立责任制的情况，进行自我检查，确定负责人；参与的部门如建设单位、施工单位、设计部门都应负技术监督的责任”。该文件标志着我国开始形成工程质量管理制度，质量责任制开始被推广。1955 年 4 月，原国家城市建设总局正式设立。工程管理部门管理建筑企业，针对建筑企业的各类问题进行直接行政干预，我国工程管理部门成为重要的代表国家检查质量安全规制的主体。由国务院主管，其他部门既各司其职、相互配合的建筑业安全规制机构体系初步建立。1956—1957 年，我国通过总结“一五”计划的成果，为“二五”和“三五”期间建筑业走上正规化、工业化发展道路打下基础。当时，政府向各建筑工程参建主体发出单向行政命令管理，投资活动由国家行政部门从上而下，层层拨付。工程质量由建筑施工单位进行内部自检、自评、自控、自管。在这种单一施工企业内部质量检查制度的实施过程中，一旦工期、产量与质量要求发生矛盾时，施工企业如选择牺牲质量，则会导致自检工作不能完全有效开展，质量管理无法达到目的。

2. 第二阶段（1963—1984 年）——第二方建设单位质量验收检查制度

由于单一施工单位内部质量检查制度无法有效保障工程质量，原中华人民共和国建筑工程部于启动建筑安装工程相关技术监督条例的制定，加强对施工单位的管理力度，

并编制了建筑安装工程相关质量检验评定标准。我国工程质量管理从原来单一施工单位内部质量检查制度，逐渐进入第二方建设单位质量验收检查制度。1978 年党的十一届三中全会之后，我国的基本建设工作得到了迅速发展。但由于建设规模增长过快，质量管理工作出现不足。1980—1982 年，全国发生房屋倒塌事故 327 起。工程质量管理面临的严峻形势，迫切要求改革原有的工程质量管理体制，迅速提升全国工程质量。1983 年，原城乡建设环境保护部和原国家技术监督局联合颁布《建筑工程质量监督条例》，提出在全国推行工程质量管理制度，并明确建设、施工、设计等单位的质量责任义务与相关部门的职责分工。

3. 第三阶段（1984—2000 年）——政府工程质量等级核验制度的形成

1984 年，国务院颁布《关于改革建筑业和基本建设管理体制若干问题的暂行规定》提出："按城市建立有权威的工程质量监督机构进行监督检查。"我国工程质量政府监督制度正式建立。全国县级以上建设行政管理部门设立质量监督机构，接受建设行政主管部门的委托，行使工程质量监管职能。1986 年 3 月，原国家计委、原中国人民建设银行联合印发《关于工程质量监督机构监督范围和取费标准的通知》"于 1986 年年底前完成制定工程质量监督办法和建立监督机构的工作，并要求逐步建立健全工程质量检测机构"。经过两年多的时间，我国建立起了覆盖全国的工程质量监督机构体系，形成了相当规模的监督队伍，标志着我国在施工单位自检、建设单位抽检的基础上，建立了质量监督机构，形成自检、抽检和第三方监督相结合的质量管理体系，推动了质量管理工作由政府单向行政管理向专业技术质量管理转变，由第二方检查向政府质量监管、施工企业自控、建设单位检查相结合转变。1998 年 3 月 1 日实施的《中华人民共和国建筑法》是我国建筑行业的基本法，也是我国政府在建筑行业立法和工程质量制度创建路上的明灯。其颁布实施为各级建设行政主管部门的立法与制度设计、工程质量控制的主要原则指明了方向。我国 1984—1998 年颁布的部分工程质量管理文件和法律法规见表 4-1。

表 4-1　1984—1998 年我国颁布的部分工程质量管理文件和法律法规

时　间	颁布部门	名　称	主　要　内　容
1984 年 9 月 18 日	中华人民共和国国务院	《关于改革建筑业和基本建设管理体制若干问题的暂行规定》	改革工程质量监督办法。大中型工业、交通建设项目，由建设单位负责监督检查；对一般民用项目，在地方政府领导下，按城市建立有权威的工程质量监督机构，根据有关法规和技术标准，对本地区的工程质量进行监督检查
1986 年 3 月 11 日	原中华人民共和国国家计划委员会	《关于工程质量监督机构范围和取费标准的通知》（计施〔1986〕307 号）	民用建设项目和市政工程建设项目由地方质量监督机构负责监督检查；工业交通建设项目及其配套、辅助（含住宅与文化卫生设施）和附属工程，按项目隶属关系由国务院有关工交主管部门的质量监督机构负责监督检查。建立工程质量监督机构有困难的部门，可按建设项目的专业性质，由建设单位委托有关的质量监督机构监督检查

续表

时　间	颁布部门	名　称	主　要　内　容
1990 年 4 月 9 日	原中华人民共和国建设部	《关于印发〈建设工程质量管理规定〉的通知》（〔90〕建、建字第 151 号）	建设工程质量监督工作的主管部门，在国家为建设部，在地方为各级人民政府的建设主管部门。国务院工业、交通主管部门负责所属的和相应的国家专业投资公司投资的大中型建设工程项目的质量监督工作
1998 年 3 月 1 日	全国人民代表大会	《中华人民共和国建筑法》（主席令第二十九号）	为了加强对建筑活动的监督管理，维护建筑市场秩序，保证建筑工程的质量和安全，促进建筑业健康发展，制定《中华人民共和国建筑法》

4. 第四阶段（2000 年至今）——推行竣工验收备案制度

《建设工程质量管理条例》（国务院令第 279 号）2000 年 1 月 30 日正式施行。推行竣工验收备案制度对工程建设各方责任主体的质量行为进行约束，恢复质量监督机构的执法地位，使其能够依法对参建各方建设主体的质量行为实施严格、公正的监督，促使各方建设主体承担法律法规规定的责任和义务。

该条例从根本上改变了工程质量管理工作方式，实现政府由直接验收核定工程质量等级向竣工验收备案转变，由微观监督向宏观监督转变，由阶段监督向全过程监督转变，由直接监督向间接监督转变，并针对政府承担的质量监管责任，质量监督机构承担的监督责任，以及参与各方承担的己方质量责任进行了清晰的界定。该条例调动了各方责任主体积极性，保证了质量监督机构的独立性、公正性与客观性；使质量监督机构从直接管理转为重点监督；从具体指导转为总体把关；同时强化监督参与主体的质量行为，从行为质量保证工程质量。该条例的实施体现了工程质量政府监督的事前控制思想和依法监督的思想。由此，质量监督机构也从责任主体中解脱出来，转为受政府部门委托执法的机构。2000 年 7 月 18 日原建设部下发《关于建设工程质量监督机构深化改革的指导意见》指出工程质量政府监督的主要目的，提出对监督机构深化改革的指导意见，对各方性质、责任与要求进行具体界定。该文件的发布与实施，标志我国工程质量管理在社会主义市场经济体制下步入宏观调控管理深化改革的新阶段。2003 年 8 月 5 日，原建设部印发《工程质量监督工作导则》，针对《中华人民共和国建筑法》颁布实施后，为完善部门管理模式和机制，强化行政法规规章管理监督作用等，对工程质量监督机构的工作内容、相关制度的制定、工程各方主体的质量行为监督和实体的监督等进行规范。2008 年 12 月，财政部发布《关于公布取消和停止征收 100 项行政事业性收费项目的通知》“自 2009 年 1 月 1 日起取消质量监督费，使质量监督机构的执法地位相对独立，真正代表政府对工程质量实施监督”。该文件进一步规范了质量管理行为，提高了监督工作质量。2010 年 9 月 1 日，发布实施《房屋建筑和市政基础设施工程质量监督管理规定》，为我国工程质量管理工作的实际开展提供更充足的法律依据和基本保障。为加强对房屋建筑工程、市政基础设施工程施工图设计文件审查的管理，提高工程设计质量，2013 年 4 月 27 日，住房城乡建设部正式发布《房屋建筑和市政基础设施工程施工图设计文件审查管理办法》（城建部令第 13 号），并于同年 8 月 1 日正式施行。

2014年8月25日，为进一步落实建筑施工项目经理质量安全责任，保证工程质量安全，住房城乡建设部制定《建筑施工项目经理质量安全责任十项规定（试行）》。2014年9月1日，住房城乡建设部印发《工程质量治理两年行动方案》（建市〔2014〕130号），准备通过两年治理行动，规范建筑市场秩序，落实工程建设五方主体项目负责人质量终身责任，遏制建筑施工违法发包、转包、违法分包及挂靠等违法行为多发势头，进一步发挥工程监理作用，促进建筑产业现代化快速发展，提高建筑从业人员素质，建立健全建筑市场诚信体系，使全国工程质量总体水平得到明显提升。2000—2018年我国颁布的部分工程质量管理文件和法律法规见表4-2。

表4-2　2000—2018年我国颁布的部分工程质量管理文件和法律法规

时　间	颁布部门	名　　称	内　容　意　义
2000年1月30日	国务院	《建设工程质量管理条例》（国务院令第279号）	该条例的颁布标志着质量监督机构的角色发生转变，质量监督机构恢复执法地位
2000年7月18日	原建设部	《关于建设工程质量监督机构深化改革的指导意见》（建质〔2000〕151号）	该文件的颁布标志我国建设工程质量管理在社会主义市场经济体制下步入宏观调控管理深化改革的新阶段
2001年12月6日	原建设部	《建设工程质量监督机构监督工作指南》（建质〔2000〕38号）	该文件的颁布可供各地质量监督机构开展工作参考
2003年8月5日	原建设部	《工程质量监督工作导则》（建质〔2003〕)162号）	该文件的颁布是对工程质量监督机构的工作内容、相关制度的制定、工程各方主体的质量行为监督和实体的监督进行规范
2008年12月31日	财政部	《关于公布取消和停止征收100项行政事业性收费项目的通知》（财综〔2008〕78号）	2009年1月1日起，国家取消质量监督费，进一步规范质量监督行为，提高监督工作质量
2010年9月1日	住房城乡建设部	《房屋建筑和市政基础设施工程质量监督管理规定》（中华人民共和国住房和城乡建设部令第5号）	该规定是规范建筑工程质量监督工作的重要部门规章，是推动我国工程质量水平不断提高和促进建筑工程建设又好又快发展的重要保障，为建筑工程质量监督工作的实际开展提供更充足的法律依据和基本保障
2012年2月6日	国务院	《关于印发质量发展纲要（2011—2020年）的通知》（国发〔2012〕9号）	要求强化企业质量主体作用、加强质量监督管理、创新质量发展机制、优化质量发展环境、夯实质量发展基础、实施质量提升工程
2013年4月27日	住房城乡建设部	《房屋建筑和市政基础设施工程施工图设计文件审查管理办法》（中华人民共和国住房和城乡建设部令第13号）	该文件的颁布旨在加强对房屋建筑工程、市政基础设施工程施工图设计文件审查的管理，提高工程设计质量

续表

时　间	颁布部门	名　　称	内　容　意　义
2014 年 8 月 25 日	住房城乡建设部	《建筑施工项目经理质量安全责任十项规定（试行）》（建质〔2014〕123 号）	进一步落实了建筑施工项目经理质量安全责任，保证工程质量安全
2017 年 2 月 21 日	国务院办公厅	《国务院办公厅关于促进建筑业持续健康发展的意见》（国办发〔2017〕19 号）	该文件的颁布旨在深入贯彻习近平总书记重要讲话精神和治国理政新理念新思想新战略，认真落实党中央、国务院决策部署，统筹推进“五位一体”总体布局和协调推进“四个全面”战略布局，牢固树立和贯彻落实创新、协调、绿色、开放、共享的新发展理念，坚持以推进供给侧结构性改革为主线，按照适用、经济、安全、绿色、美观的要求，深化建筑业“放管服”改革，完善监管体制机制，优化市场环境，提升工程质量安全水平，强化队伍建设，增强企业核心竞争力，促进建筑业持续健康发展，打造“中国建造”品牌
2017 年 9 月 5 日	国务院	《中共中央国务院关于开展质量提升行动的指导意见》（中发〔2017〕24 号）	该文件的颁布旨在提高供给质量是供给侧结构性改革的主攻方向，全面提高产品和服务质量是提升供给体系的中心任务。迫切需要下最大气力抓好全面提高质量，推动我国经济发展进入质量时代
2018 年 2 月 14 日	国家能源局	《关于进一步加强电网建设工程质量监督管理工作的意见》（国能发安全〔2018〕21 号）	该文件的颁布旨在严格落实《电力建设工程质量管理条例》《中共中央国务院关于开展质量提升行动的指导意见》（中发〔2017〕24 号）、《国家发展改革委 国家能源局关于推进电力安全生产领域改革发展的实施意见》（发改能源规〔2017〕1986 号）等规定，进一步加强电网建设工程质量监督管理工作

4.2　电网建设工程质量监督体系

4.2.1　电网建设工程质量监督组织构成

1. 组织构成

我国实行建设工程质量监督管理制度，《中华人民共和国建筑法》（以下简称“建筑法”）《建设工程质量管理条例》中明确规定了建设单位（业主）、勘察设计单位、施工单位、监理单位在工程建设中的质量责任，在法规和管理制度上，自然形成由三个层次构成的建设工程质量监督管理体系（图 4－1）：第一层次为政府行政主管部门及其委托的建设工程质量监督管理机构；第二层次为业主及其代表监理单位；第三层次为勘察设计单位、施工单位、分包单位和材料设备供应商。

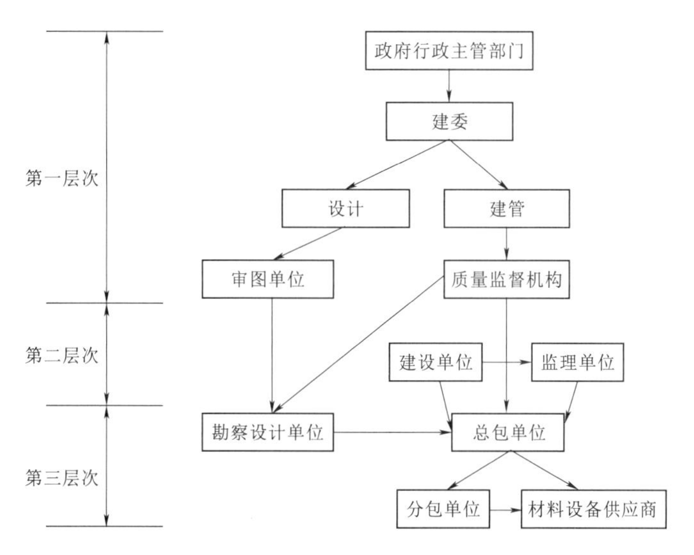

图 4-1 建设工程质量监督管理体系组织构成

(1) 第一层次为政府行政主管部门及其委托的建设工程质量监督管理机构，他们不是工程建设市场的主体，不承担工程质量责任而承担监管责任，他们的基本职能是执法，是对第二、第三层次中各方建设责任主体实施全面的监督管理。

1986 年水利电力部按照国家计委要求，设立了基本建设工程质量监督总站，并在各省级电力局设立机构，按照“总站＋省中心站＋地市（或项目）监督站”的模式构建了电网建设工程质量监督管理机构（以下简称“质监机构”）体系。之后，随着国务院对电力工业主管部门的调整，各级质监机构虽然经历了多次更名，但其工作职责始终未变。目前，国家能源局电力安全监管司、国家能源局可靠性管理和质量监督中心着力健全“总站-中心站-项目站”三级机构体系。

(2) 第二层次为业主及其代表监理单位，他们对工程建设全过程进行现场监控。业主作为投资者，依法行使工程发包权利，监理单位受业主的委托，在合同规定的范围内对工程建设的投资、质量、进度进行全过程控制，对有关合同和信息进行管理。

(3) 第三层次为勘察设计单位、施工单位、分包单位和材料设备供应商。按照谁设计谁负责、谁施工谁负责的质量责任国际惯例原则，勘察设计单位、施工单位、分包单位和材料设备供应商均是工程建设中的责任主体之一。

2. 三个层次的关系

在工程质量监督管理体系中，三个层次的各单位之间有着相对独立、相互联系、相互影响的关系，工程质量监督管理机构是工程质量监督管理体系的核心，它分别对工程建设责任主体——建设单位、监理单位、勘察设计单位和总承包单位实施全面监管；监理单位是关键，它根据委托内容代表业主监管设计、施工的质量，通过道道工序检查、层层把关签章，使工程投资、建设、质量监管进入良性循环。三个层次的划分，有利于明确各建设责任主体的身份和职责，有利于理顺有关单位在工程质量监管中的相互关系，使其在工程建设中各司其职、各负其责，形成一个既独立又统一的质量管理体系，在工程建设实践中达到不断发展和完善工程质量监管，提高工程质量的目的。

4.2.2　电网建设工程质量监督制度构成

《建筑法》和《建设工程质量管理条例》是我国工程质量监督管理体制的法规基础。1998 年 3 月 1 日《建筑法》正式实施，成为建筑业的根本大法，其目的是为了加强对建筑活动的监督管理，维护建筑市场秩序，保证建筑工程的质量和安全，促进建筑业健康发展。2000 年 1 月《建设工程质量管理条例》的出台，大幅度调整了工程质量监督系统，对质量监督的工作性质、内容、方法、程序、各质量行为主体的质量责任和义务都作出明确规定。为使《建筑法》《建设工程质量管理条例》得到有效落地，原建设部制定了一系列配套文件，如《房屋建筑工程和市政基础设施工程竣工验收备案管理暂行办法》《实施工程建设强制性标准监督规定》《房屋建设工程质量保修办法》《工程监理企业资质管理规定》《建设工程勘察质量管理办法》《建设工程勘察设计企业资质管理规定》《城市建设档案管理规定》等。

电网建设工程质量监督建立了较为完善的工作标准体系。国家能源局组织编制并颁布了《国家能源局关于印发水电等六类电力建设工程质量监督检查大纲的通知》《国家能源局关于印发电力建设工程质量监督专业人员培训考核暂行办法的通知》《国家能源局关于进一步明确电力建设工程质量监督机构业务工作的通知》《电力可靠性管理办法（暂行）》等文件，统一和规范了工程质量监督管理工作行为。

4.2.3　电网建设工程质量监督运作方式

1. 政府监督

按照《建设工程质量管理条例》的规定，政府监督主要通过委托质量监督机构来履行监督职责。国务院建设行政主管部门对全国的建设工程质量实施统一监督管理。建设工程质量监督管理，可由建设行政主管部门或者其他有关部门委托的建设工程质量监督管理机构具体实施。政府建设工程质量监督的主要目的是保证建设工程使用安全和环境质量；主要依据是法律、法规和工程建设强制性标准，主要方式是政府认可的第三方强制监督；主要内容是地基基础、主体结构、环境质量和与此相关的工程建设各方主体的质量行为；主要手段是施工许可和竣工验收备案。从事工程质量监督管理的机构，必须按照国家有关规定经国务院建设行政主管部门或者省、自治区、直辖市人民政府建设行政主管部门考核；从事专业建设工程质量监督管理的机构，必须按照国家有关规定参加国务院有关部门或者省、自治区、直辖市人民政府有关部门考核，经考核合格后，方可实施质量监督。

2018 年 2 月 14 日国家能源局印发《关于进一步加强电网建设工程质量监督管理工作的意见》提出国家能源局依法依规对全国电网建设工程质量实施统一监督管理。贯彻执行国家关于电网建设工程质量监督管理的法律法规和方针政策，不断完善电网建设工程质量监督管理规章制度和标准规范体系，组织、指导和协调全国电网建设工程质量监督管理工作，组织开展全国电网建设工程质量监督管理巡查督查和专项检查，监督指导地方政府电力管理等有关部门和各派出能源监管机构的电网建设工程质量监督管理工作。地方各级政府电力管理有关部门依法依规履行地方电网建设工程质量监督管理责任，按照国家能源局

有关规定，继续做好可再生能源发电工程的质量监督管理，并积极配合派出能源监管机构，做好其他电网建设工程监督管理相关工作，对质监机构进行业务监督指导。

国家能源局印发了《做好近期质监工作通知》，明确了设在中国电力企业联合会的电网建设工程质量监督总站和设在水电水利规划设计总院的水电工程质量监督总站、可再生能源发电工程质量监督总站及各电网建设工程质量监督中心站，要按照国家能源局现行规定，继续做好已注册和新注册工程的质量监督工作。各电网建设工程质量监督机构要按照国家法律法规、标准规范及电网建设工程质量监督检查大纲要求，认真开展质量监督检查，严格落实监督责任，确保工作不断、秩序不乱、队伍不散；要按规定将年度和阶段性质量监督工作计划、注册工程项目情况及质量监督报告等工作信息，及时向地方政府电力管理有关部门、各派出能源监管机构及国家能源局报备。

国家能源局作为我国电网建设工程政府监管主体主要部门，协同地方各级政府电力管理部门等有关部门及能源监管机构，按照有关电网建设工程质量监督管理的法律法规、方针政策、规章制度，对我国电网建设工程开展质量监督管理工作，促进电网建设工程质量监督取得显著的工作成效，保障了电网建设工程的建设质量和电力系统安全稳定运行。

2. 建设单位和监理单位

通过委托监理合同，监理和业主之间形成服务与被服务的关系；根据委托监理合同，监理协助业主对建设工程的投资、质量、工期进行控制。通过业主的授权以及业主与承包商之间的约定，监理和承包商之间形成监理与被监理的关系，监督管理施工合同的履行（核查工程量、隐蔽工程验收、验收分部分项工程、签署付款凭证、材料构配件的检查、安全检查、合同管理等）。

3. 勘察设计单位、施工单位、分包单位和材料设备供应商

通过业主与企业之间的工程承包合同，形成合同关系，企业按照合同履行自己的义务、维护自己的权利。各企业通过内部质量保证体系对工程进行质量控制，是建设主体的自我约束和自我规范行为。

4.2.4 南方电网建设工程质量监督体制机制

目前，国家能源局电力安全监管司归口全国电力建设工程质量监督管理工作。工程质量监督中心受国家能源局委托，承担电力可靠性管理和工程质量监督政策措施、规章制度及监督检查大纲等研究拟订工作，并组织实施相关工作；研究提出推进和完善电力可靠性管理和工程质量监督工作体系的意见建议；负责电力可靠性管理和工程质量监督信息系统建设和运行维护，组织开展相关信息统计、核查、分析、应用、发布工作；负责电力可靠性评价、评估、预测工作；承担对电力工程质量监督机构的业务监督和指导工作；参与涉及电力可靠性和工程质量的重大争议处理、重大事故调查以及相关专项检查工作；组织开展电力可靠性管理和工程质量监督专业人才开发培训和学术研究交流工作。

南方五省（自治区）电网建设工程质量监督组织架构，按“南方中心站-各省（自治区）中心站-项目站”三级设置。

（1）公司基建部负责南方中心站的归口管理，承担公司基建工程质量管理职能；南网能源院负责南方中心站的日常运营管理，为公司基建部质量管理提供服务支撑。

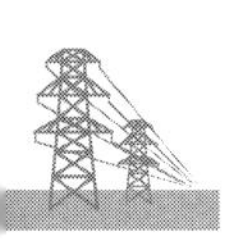

（2）广东、广西、云南、贵州、海南的电网公司基建部负责所辖区域中心站的归口管理，承担各省（自治区）电网公司基建工程质量管理职能；各省（自治区）电网公司规划建设研究中心负责所辖区域内中心站的日常运营管理，为各省（自治区）电网公司基建部质量管理提供服务支撑。

（3）项目站隶属各省（自治区）中心站，设置在各地市供电局基建部，受各省（自治区）中心站委托，依照属地管理原则，对中心站指定的监督范围内的工程项目开展质量监督。

（4）依据《国家能源局关于印发可再生能源发电工程质量监督体系方案的通知》（国能新能〔2012〕371 号），南方电网建设工程质量监督机构不再承担调峰调频公司蓄能发电项目质量监督工作，蓄能发电项目由挂靠水电水利规划设计总院的可再生能源发电工程质量监督站负责质量监督。

（5）广州、深圳供电局设项目站，由广东中心站归口管理。

（6）超高压输电公司不设置质量监督机构。

4.3　电网建设工程系统及质量管理分析

质量管理指在力求实现工程总目标的过程中，为满足电网建设工程建设总体质量要求所开展的有关的监督管理活动。质量控制是一个系统工程，实施质量控制首先要用系统的观点分析问题和解决问题。

电网建设工程质量管理是指在电网建设工程实施过程中，指挥和控制项目参与各方关于质量相互协调的活动，是围绕着使电网建设工程项目满足质量要求，而开展的策划、组织、计划、实施、检查、监督和审核等所有管理活动的总和，是电网建设工程项目的建设、勘察、设计、施工、监理等单位的共同职责。质量管理要根据国家或行业标准、工序流程、现场实际等建立一套管理体系，保障基建工作有序进行，保证工程质量。基建工程项目质量管理的目的是避免质量问题发生在施工过程中，预防为主，发现问题，及时整改；向全体人员宣贯质量管理标准，让所有人参加到质量管理体系中来，使整个工程处于受控状态。

4.3.1　电网建设工程系统及其特性

系统就是由若干个相互作用和相互依赖的部分（要素或子系统）组合而成的具有的特定功能的有机整体，而这个系统本身又是从属于一个更大系统的子系统。任何电网建设工程都是一个系统，在分析问题和解决问题时，仅仅重视个体作用是不够的，应该把重点放在整体效益上。

4.3.1.1　电网建设工程一般特性

1. 综合性

电网建设工程都由许多要素组合，不管从哪个侧面分析，总的系统（如组织、行为、对象、目标等）都可以按结构方法细分成多级、多层次的子单元，并可以描述、定义它们。

2. 相关性

各个要素之间互相联系、互相影响、共同作用，构成一个严密的有机的整体，它们之间存在着一定的界面。

3. 目的性

电网建设工程有明确的目标，而由这个目标形成的目标系统贯穿于整个电网建设工程的实施过程，贯穿于实施的各个方面。

4. 环境的适应性

电网建设工程与系统环境协调并共同作用。电网建设工程不仅完全是为了上层系统（环境）的需求而产生，而且受到环境系统的制约，利用环境系统提供的条件。

4.3.1.2　电网建设工程自身特性

1. 电网建设工程项目属于一个社会技术系统

电网建设工程靠行为主体（人、小组）实施；需要投入各种机械、设备、材料等以及各种工程专业的知识、技术、方法和数据等。

2. 开放性

电网建设工程与环境之间有直接的信息、材料、能源、资金的交接，并完成上层系统的任务，向上层系统输出信息、产品、服务等。

3. 动态性

在电网建设工程实施过程，要按变化的要求和环境、按新的情况自动修改目标，调整实施过程，修改项目结构。

4.3.2　电网建设工程质量管理分析

1. 质量目标

电网建设工程质量目标是三项控制目标之一，质量管理贯穿于工程项目建设的全过程，不同阶段有不同的质量目标，而这一系列质量分目标构成了质量系统，形成了一个工程项目的总体质量目标。由于电网建设工程是一个渐进过程，在项目控制过程中，任何一个方面出现问题，必然会影响后期的质量管理。质量管理是处于较大系统工程中的一个子系统。过去只强调施工过程的质量管理，但即使施工过程中质量管理得很好，每道工序都符合工艺要求，而工程项目的设计、施工准备过程、辅助过程以及竣工验收过程等方面如果未纳入质量管理轨道，没有很好地衔接和协调，质量仍无法保证。质量管理不仅涉及施工过程，还与其他的过程、环节、因素相关联。

项目的质量目标就是项目过程的质量分目标的总和，其内容具有广泛性，所以要实现总体质量目标就应实施全过程、全范围、全方位的质量管理。实施全面质量管理就是从局部走向全面性和系统性，从控制单一目标走向控制整体目标。虽然就目前监理工作范围和内容看，质量管理的重点在具体的施工过程中，但是项目各阶段的质量管理方法有同一性和借用性，那就是从准备、到实施、再到最后结果都要进行质量管理。

2. 预防目的

质量管理的目的不是发现质量问题后的处理，而是应尽可能事先避免质量问题的发生。对电网建设工程质量实施全面控制时，要把控制重点放在外部环境和内部系统的各种干扰质量因素上，预测可能出现的质量偏差，并采取有效的预防措施。

3. 实施动态管理

电网建设工程的各子系统在项目过程中都有显示出动态特征，整个项目是一个动态的渐进过程。质量的形成受到各方面因素影响，要把握好质量管理系统在各种情况下的恰当调节，以实现最终的整体质量目标。

4. 相对封闭的原则

在任何一个系统内，其管理手段必须构成一个具有反馈功能的回路，不能是开放的系统，否则就无法体现管理的效益。要重视搜集信息，把握形成质量整个过程中各种因素的相互作用的动态特征，建立自反馈的有效机制。

4.4　电网建设工程企业质量管理的概念与主体

4.4.1　电网建设工程企业质量管理的概念

4.4.1.1　企业质量管理的概念

企业质量管理是指企业各部门对工程建设各环节、各阶段所采取的组织协调、控制的系统管理手段，目的是经济、高效地建造出符合设计要求和标准及用户需求的质量合格的电网建设工程。

4.4.1.2　企业质量管理的特点

企业质量管理工作涉及面广，且往往整体性强、周期长、受自然条件影响大。除此之外，企业质量管理特点如下。

1. 电网建设工程项目多而分散

企业同时承担多个电网建设工程项目的建设工作，且电网建设工程项目所在地分散，企业需同时对多个电网建设工程项目进行管理，将具体质量管理职责层层分解落实到个人或团队。

2. 企业管理人员有限

企业为每个电网建设工程项目分配的施工质量管理人员数量是有限的，施工人员往往随着各种机械、电气设备随着施工部位的不同，沿着施工对象上下左右流动、不转移操作场所。

3. 质量管理任务重

施工质量管理任务很重，涉及分项工程工序交接多、中间产品多、隐蔽工程多、施工技术复杂，需要进行多工种配合作业、多单位交叉配合施工，所用的物资和设备种类繁多，对施工组织和施工技术管理的要求较高。

4.4.1.3　企业质量管理的依据

1. 理论层面

质量管理领域已形成了一些有影响的质量管理的基本原则和思想。其中，八项质量管理原则是质量管理实践经验和理论的总结，是质量管理的最基本、最通用的一般性规律，适用于所有类型的产品和组织，对企业质量管理具有指导作用。

质量管理原则如下：

（1）以顾客为关注焦点。

（2）领导作用。

（3）全员参与。

（4）过程方法。

（5）改进。

（6）询证决策。

（7）关系管理。

2. 规范层面

通常，企业为生产经营及企业管理的需要均建立“四标三体系”，即“质量管理、工程建设施工企业质量管理规范、职业健康安全管理、环境管理”四个标准以及“质量管理体系、职业健康安全管理体系、环境管理体系”三个体系。

4.4.2 企业质量管理的主体

企业质量管理主体可按管理层次和职能部门两种形式来划分。两种划分形式对于不同的参建企业，有不同的划分结果。

1. 按管理层次划分

按管理层次划分，以公司为例，可划分为公司基建部→分子公司基建部→地市局基建部→业主项目部。以施工单位为例，可划分为施工企业质量管理部门→项目经理部。

2. 按职能部门划分

按职能部门划分，以公司为例，可分为董事会工作部、战略规划部、人力资源部、计划与财务部、资本运营部、创新管理部、政策研究部、生产技术部、市场营销部、基建部、新兴业务与产业金融部、国际业务部、供应链管理部、数字化部、安全监管部、审计部、法规部、党建工作部、纪检监察组办公室、巡视办公室、工会办公室等，如图 4-2 所示。以施工企业为例，可分为企业策划管理部门、工程管理部、人力资源部、设备管理部、物资管理部、技术管理部、质量管理部、安全管理部、项目经理部等，如图 4-3 所示。

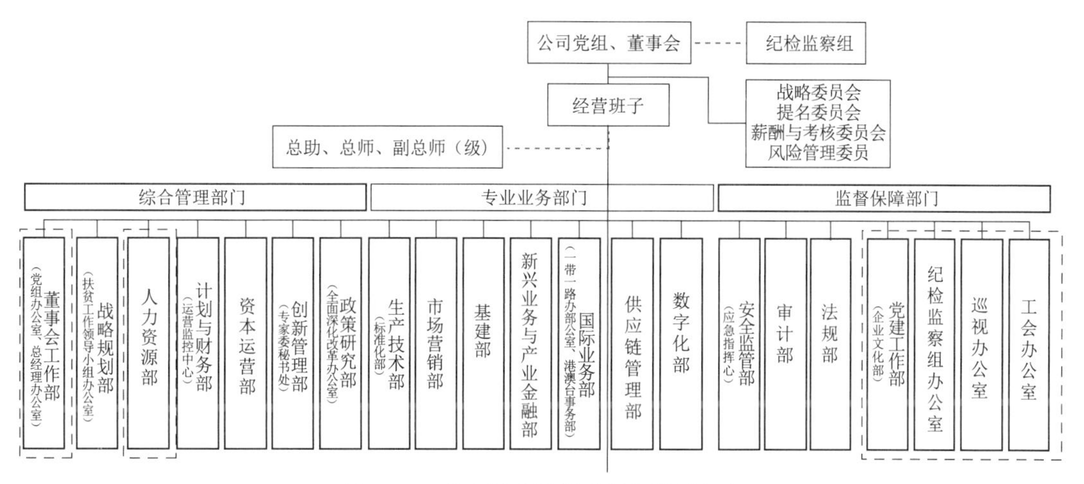

图 4-2 某电网质量管理职能部门划分

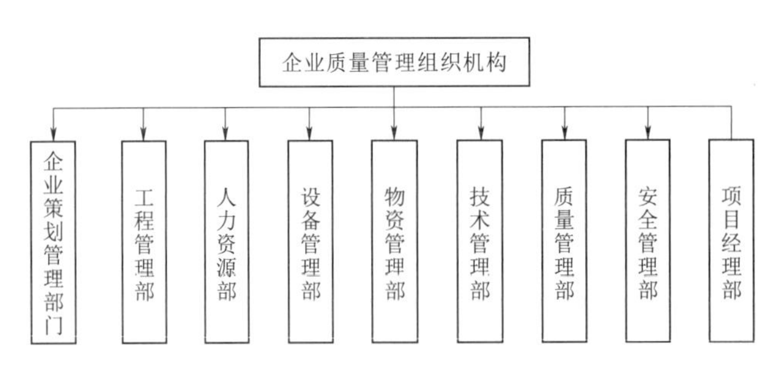

图 4-3　某施工企业质量管理职能部门划分

4.5　电网建设工程项目质量管理的概念与主体

4.5.1　电网建设工程项目质量管理的概念

1. 电网

电网是由各种电压等级的输、配电线路及变电设施等组成的网络。作为电力工业的重要组成部分，电网是电能的载体，是连接电源和电力用户的重要输送通道，承担着优化能源资源配置、保障国家能源安全和促进国民经济发展的重要任务。电网的分类如下：

(1) 电网的性质分类：包含输电线路的电力网称为输电网；包含配电线路的电力网称为配电网。

(2) 根据电压等级，电网可分为低压、中压、高压、超高压和特高压五种电网，其中：1kV 及以下称为低压电网；1～10kV 为中压电网；10～330kV 为高压电网；330～1000kV 为超高压电网；1000kV 及以上称为特高压电网。

(3) 根据电网本身的结构方式分类，电网又可分为开式电力网和闭式电力网。用户只能从单方向得到供电的电网，称为开式电网；用户可以从两个及两个以上方向得到供电的电网，称为闭式电网。

(4) 有时为了研究的方便，还将电网分为地方网和区域网。

项目是一个组织为实现既定的目标，在一定的时间、人员和资源约束条件下所开展的一种具有一定独特性的一次性工作。电网建设工程项目就是指有关电网的固定资产投资项目，其既可以是基本建设项目（新建、扩建等扩大输配电能力的建设项目），也可以是技术改造项目（以节约资金、提高质量、劳动安全等为主要目的的项目）。

2. 电网建设工程项目质量管理

电网建设工程项目质量管理是指在电力工程项目实施过程中，指挥和控制项目参与各方关于质量的相互协调的活动；围绕着使电力工程项目满足质量要求，而开展的策划、组织、计划、实施、检查、监督和审核等所有管理活动的总和；由电力工程项目的建设、设计、施工、监理等单位的共同负责。

4.5.2　电网建设工程项目的分类

4.5.2.1　常见分类

一般而言，电网建设工程项目常分为两大类：①输电项目；②变配电或换流、升压站项目。

4.5.2.2 工程性质分类

按工程性质分，电网建设工程可分为土建工程、变电工程、线路工程、远动工程、通信工程等。

4.5.2.3 投资主体分类

按投资主体分，电网建设工程可分为主网新建、扩建工程，配电网新建设、扩建工程，大修技改工程及用户工程。

4.5.2.4 其他分类

在实际应用中，电网建设工程项目划分方法如下：

1. 新建项目和扩建项目

（1）新建项目。新建项目是指新开始建设的原来没有的项目，即根据发展规划、安全要求和供电负荷要求而新开始建设的各级变电站、开关站及输配电线路等。对原来已有、经过扩建后其新增固定资产价值超过原有固定资产价值3倍的也属于新建项目。

（2）扩建项目。扩建项目是指为了扩大原有输配电能力和效益而建设的电网设施。即随着负荷的发展需要而增加的并且满足预留负荷扩建余地的项目，如增加的不同电压等级的变压器等。

2. 电网设备大修、技改、预防性试验项目

（1）电网设备大修项目。电网设备大修项目是指供电企业在设备投运一定年限后，由于设备磨损、老化、配件损坏等使其无法正常投入使用或低效率使用而必须修理或者按照技术措施要求而必须进行的项目，如主变压器大修、母线大修、变电架构大修、接地网大修、塔杆加固等。

（2）电网设备技改项目。电网设备技改项目是指供电企业的设备或设施在目前情况下经过技术论证，证明其性能否满足安全生产及运行的要求而需要对其进行更新或者改造的项目，如更换主变压器、更换或增加塔杆、更换新型导线或电缆等。

（3）电网设备预防性试验项目。电网设备预防性试验项目是指对已投入生产运行的设备按照规定的试验条件、试验项目和试验周期所进行的试验，它是预防设备损坏以及保证设备安全生产运行的重要措施。

4.5.3 电网建设工程项目质量管理的主体

电网建设工程项目质量管理的主体包括责任主体、政府监管管理主体和社会服务主体。其中，责任主体包括：建设单位、（勘察）设计单位、施工单位、监理单位。

1. 建设单位的工程质量管理

建设单位属于监控主体，工程质量管理按工程质量形成过程，建设单位的质量控制包括建设全过程各阶段。

（1）决策阶段的质量管理：主要通过项目的可行性研究，选择最佳建设方案，使项目的质量要求符合业主的意图，并与投资目标相协调，与所在地区环境相协调。

（2）工程勘察设计阶段的质量管理：主要选择好勘察设计单位，要保证工程设计符合决策阶段确定的质量要求，保证设计符合有关技术规范和标准的规定，要保证设计文件、

图纸符合现场和施工的实际条件，其深度能满足施工需要。

（3）工程施工阶段的质量控制：①择优选择能保证工程质量的施工单位；②择优选择服务质量好的监理单位，委托其严格监督施工单位按设计图纸进行施工，并形成符合合同文件规定质量要求的最终建设产品。

2.（勘察）设计单位的质量管理

设计单位属于自控主体，以法律、法规及合同为依据，对（勘察）设计的整个过程进行控制，包括工作质量和成果文件质量的控制，确保提交的（勘察）设计文件所包含的功能和使用价值，满足建设单位工程建造的要求。

3. 施工单位的质量管理

施工单位属于自控主体，以工程合同、设计图纸和技术规范为依据，对施工准备阶段、施工阶段、竣工验收交付阶段等施工全过程的工作质量和工程质量进行的控制，以达到施工合同文件规定的质量要求。

4. 监理单位的质量管理

监理单位属于监控主体，对电网建设工程项目质量承担监理责任。主要是受建设单位的委托，依据法律法规、电网工程建设标准、勘察设计文件及合同，制定和实施相应的监理措施，采用旁站、巡视和平行检验等方式代表建设单位在施工阶段对工程质量进行监督和控制，以满足建设单位对工程质量的要求。

第5章 基于电网建设工程质量管理现状的标准化策划

电网建设工程质量管理的标准化策划重点在于根据电网建设工程实践经验，对质量管理进行划分。

5.1 电网建设工程建设单位管理

1. 建设单位的质量责任

（1）建设单位应按照国家现行法律法规的规定采用招标方式选择有质量保证能力和相应资质的勘察、设计、监理、施工单位以及主要设备、材料供应单位。

（2）建设单位应提供能够满足投标需要的原始资料，原始资料应真实、准确、完整。工程招标文件及合同应明确工程项目质量标准以及各方的质量责任。当工程有创优要求时，招标文件及合同中应明确创优目标。

（3）建设单位应合理确定并控制工程建设周期。

（4）建设单位应通过招标，择优选择实力强的承包商参与工程建设，并督促施工总承包单位合理选择分包商参与工程建设管理。

（5）建设单位应组织建立全面覆盖勘察、设计、监理、施工、调试单位的项目质量管理体系，应监督质量管理体系的有效运行。

（6）建设单位应按照国家现行法律法规组织办理工程建设合规性文件和质量监督注册手续。

（7）当工程建设需采用技术要求高且作业复杂的新技术、新工艺、新流程、新装备、新材料时，建设单位应组织设计、监理、施工和其他相关单位进行施工方案专题研究或组织专家评审。

（8）建设单位应组织开展工程质量检查，协调、配合质量监督机构的质量监督检查活动。

（9）建设单位应组织开展工程验收、中间验收、竣工预验收、启动验收和达标投产工作，按照合同约定组织开展工程创优工作。

（10）建设单位应建立工程质量考核评价机制，定期进行考核评价，并将考核评价结果体现在工程结算中。

（11）建设单位应组织或配合政府主管部门及其授权机构开展质量事件、质量事故的调查处理工作。

（12）建设单位应按照《建设项目档案管理规范》（DA/T 28）、《电力工程竣工图文件编制规定》（DL/T 5229）、《电网建设项目文件归档与档案整理规范》（DL/T 1363）的规定建立项目档案管理制度，应组织收集、整理项目资料并及时归档。

2. 工程质量管理策划

（1）建设单位应在工程招标文件及合同中明确工程质量总目标以及相应分解目标。

（2）工程开工前，建设单位应编制项目建设管理纲要，并应履行规定的审批程序。

（3）工程开工前，建设单位应按照《输变电工程达标投产验收规程》（DL/T 5279）的规定编制达标投产规划。对于有创优目标的工程，建设单位还应编制工程创优规划，并可将达标投产规划的内容合并其中。

（4）工程项目采用EPC等工程总承包模式的，管理职责应按照工程总承包合同约定的职责界面进行管理和控制。

3. 工程全过程质量控制

（1）建设单位应组织初步设计审查，应保证初步设计原则的科学性和适用性；建设单位应在变电单位工程和输电分部工程开工前组织设计交底和施工图会检。未经审批的施工图纸不得用于施工。

（2）工程开工前，建设单位应确定工程进度里程碑计划，应组织编制一级进度计划，并应审批施工图交付计划和物资供应计划。

（3）项目的工期应按照合同约定执行。当工期需要调整时，建设单位应组织参建单位从影响工程建设的安全、质量、环境、资源方面确认其可行性，并应采取有效措施保证工程质量。

（4）建设单位应组织参建单位至少每月召开一次质量工作例会。质量工作例会应包括下列内容：

1）总结上月质量管理工作。

2）分析上月工程实体质量。

3）检查上月强制性条文执行工作。

4）检查上月质量通病防治工作。

5）分析目前存在问题并制定整改措施。

6）部署下月质量管理主要工作。

（5）建设单位应至少每月组织一次工程质量巡查，并应不定期进行专项检查。

（6）建设单位应按照规定组织中间验收，并应在确认发现问题整改闭环后向质量监督机构申请质量监督检查。

（7）工程启动前，建设单位应按照规定组织竣工预验收、启动验收，并应向质量监督机构申请投运前的质量监督检查。

（8）当工程发生质量事件或质量事故时，建设单位应按照规定组织或配合调查和处理

工作。

(9) 工程投运后，建设单位应组织办理启动竣工验收证书，应组织进行工程总结和档案移交，并应组织责任单位按照合同约定履行质量保修责任。

5.2 电网建设工程勘察设计管理

1. 勘察、设计单位的质量责任

(1) 勘察、设计单位应按照《工程建设勘察企业质量管理标准》(GB/T 50379) 和《工程建设设计企业质量管理规范》(GB/T 50380) 的规定规范质量管理行为并提高勘察设计质量。

(2) 勘察、设计单位应在资质等级许可的范围内承揽工程，不得转包或违法分包。

(3) 勘察单位提供的水文、地质、测量等设计文件应真实、准确、完整。

(4) 勘察、设计成品应符合国家现行法律法规和国家现行标准的规定，不得采用国家明令禁止使用的设备、材料和技术，并应符合下列要求：

1) 限额设计要求。

2) 设计深度要求。

3) 安全防护要求。

4) 可靠性及耐久性要求。

5) 节能减排、环境保护、水土保持要求。

6) 重要技术经济指标设计要求。

7) 全寿命周期设计要求。

(5) 勘察、设计单位应对所提供的设计文件负责。设计文件提交前应履行规定的审批程序，应由相应资格的执业人员审核、签署。

(6) 勘察、设计单位应根据工程进度总体要求向建设单位提供主要设备采购技术文件，并应参加技术协议的签订；勘察、设计单位应对设计接口技术文件进行确认，应参加设计联络会。

(7) 设计单位应按合同约定编制施工图交付计划。

(8) 设计单位应建立设计变更管理制度，并应在建设全过程中贯彻落实。

(9) 勘察、设计单位应按照合同约定开展下列工作：

1) 进行设计优化及相关研究，并应提供新技术、新装备、新材料应用的支持性材料。

2) 参加图纸审查和会检并进行设计交底。

3) 派驻工地设计代表，及时解决施工中发现的设计问题。

4) 参加工程质量验收，配合质量事件、质量事故的调查和处理工作。

5) 建立勘察、设计文件档案，提交竣工图。

6) 配合建设单位组织的相关招标工作。

7) 配合项目后评价工作。

2. 设计质量管理策划

(1) 勘察、设计单位应根据工程质量总目标进行设计质量管理策划，并应编制下列设计质量管理文件：

1）设计技术组织措施。

2）达标投产或创优实施细则。

3）工程建设标准强制性条文执行计划。

4）执行法律法规、标准、制度的目录清单。

（2）勘察、设计单位应在设计前将设计质量管理文件报建设单位审批。如有设计阶段的监理，则应报监理单位审查、建设单位批准。

3. 设计过程质量控制

（1）设计人员执业资格应符合国家相关规定。

（2）设计输入应涵盖合同约定的内容及工程设计创新要求。设计输入应包括下列内容：

1）国家法律、法规和地方性法规、规章。

2）设计依据性文件。

3）建设单位及相关方意见。

4）同类工程可借鉴的信息。

（3）设计单位应按照可行性研究审查意见和项目质量目标的要求开展初步设计，应通过技术经济比较提出推荐方案，应通过规定的审查程序确认设计方案。

（4）设计单位应按照初步设计审定方案开展施工图设计，应落实设计质量保证措施，并应提出保证施工安全质量的技术要求。

（5）各专业设计输出前，设计单位应对输出成果的可行性、符合性进行论证。各专业设计输出应符合下列要求：

1）设计输入的要求。

2）设备制造及选型的技术要求。

3）施工、安装、调试、运行操作的技术要求。

（6）各专业设计文件还应在论证后进行专业设计评审，设计评审应主要检查下列内容：

1）设计是否符合合同要求。

2）设计质量策划的各项原则是否落实。

3）设计输入的原始资料是否正确、有效。

4）设计方案是否合理。

5）各专业设计配合是否协调，专业接口资料是否已正式提供、有无漏项。

（7）经设计评审的设计文件应进行验证，应确认设计已符合国家现行标准规定和工程设计合同的要求。设计验证应按设计成品分级审签要求进行，并应主要验证下列内容：

1）设计未违反强制性条文规定。

2）专业之间接口正确。

3）无同类工程的重复性差错。

4）已开展的必要试验或专题论证的结果满足使用要求。

5）新的计算方法或首次使用的计算机软件已经过确认。

6）设计文件的内容深度符合有关要求、设计方案正确、合理。

7）勘察、设计成品中需会签的图纸已由有关提资专业会签。

（8）设计单位应根据工程实施需要进行设计变更。设计变更管理应符合下列要求：

1）设计变更应符合可行性研究或初步设计批复的要求。

2）当涉及改变设计方案、改变设计原则、改变原定主要设备规范、扩大进口范围、增减投资超过50万元等内容的设计变更时，设计变更应报原主审单位或建设单位审批确认。

3）由设计单位确认的设计变更应在监理单位审核、建设单位批准后实施。

（9）在施工、调试阶段，勘察、设计单位应任命工地代表。工地代表应协调本单位相关专业技术人员参加重大施工或调试技术方案的评审，应及时解决出现的设计问题，并应参加工程验收。

（10）设计单位绘制的竣工图应反映所有的设计变更。输变电工程项目竣工图编制应符合 DL/T 5229 的规定。

5.3 电网建设工程监理管理

1. 监理单位的质量责任

（1）监理单位应在资质等级许可的范围内承担工程监理业务。

（2）监理单位应依据建设工程监理合同对工程施工质量实施监理，并应对施工质量承担监理责任。

（3）监理单位应建立健全质量控制体系，应制定并落实质量控制措施。

（4）监理单位应按照《电网建设工程监理规范》（DL/T 5434）的规定和监理合同的约定组建监理项目部，应配备满足工程质量目标的人力、物力和财力等资源保障。

（5）监理单位应参与编制一级进度计划，应审查施工单位编制的进度计划。当工期需要调整时，监理单位应制定相应的质量控制措施，应保证工程质量、进度的协调统一。

（6）监理单位应组织隐蔽工程、检验批、分项工程和分部工程质量验收，应开展工程中间验收阶段和启动验收阶段的监理初检，应参加建设单位组织的单位工程验收、中间验收、竣工预验收和启动验收。

（7）监理单位应接受并配合工程质量监督机构组织的质量监督检查工作。

（8）监理单位应参与、配合工程达标投产和创优工作。

（9）监理单位应按规定组织或配合质量事件、质量事故的调查和处理工作。

2. 监理质量管理策划

（1）工程开工前，监理单位应根据工程质量总目标开展监理质量管理策划，应编制下列监理质量管理文件：

1）监理规划。

2）专业监理实施细则。

3）工程创优实施细则。

4）工程建设标准强制性条文监理实施方案。

5）质量通病防治控制措施。

6）执行法律法规、标准、制度的目录清单。

（2）当工程有创优目标时，监理单位应编制监理创优实施细则，并可将达标投产实施细则的内容合并其中，且应单独成章。

3. 监理过程质量控制

（1）监理项目部人员任职条件应符合 DLT 5434 的要求。

（2）工程开工前，监理单位应针对工程的特点对监理人员进行岗前质量教育培训。监理人员应在考试合格后上岗。

（3）监理单位应对施工图进行预检并形成预检意见，应参加建设单位组织的设计交底和施工图会检。

（4）监理单位应通过文件审查、旁站、巡视、平行检验、见证取样等监理工作方法对建设工程实施监理。

（5）监理单位应监督施工单位质量管理体系的有效运行，应监督施工单位按照技术标准和设计文件进行施工，应定期检查工程建设标准强制性条文执行情况，应主要控制关键部位、关键工序和隐蔽工程的质量。

（6）施工过程中，监理单位应做好下列质量控制工作：

1）审查施工单位报审的施工组织设计、施工方案等质量管理文件。

2）审查施工单位报送的工程开工报审资料。

3）审核施工单位报送的分包单位资质证明文件。

4）审查施工单位现场专职管理人员和特种作业人员的资格。

5）审查施工单位报送的用于工程的材料、构（配）件、设备的质量证明文件。

6）审查施工现场使用的计量和测量器具的合格证明及有效期。

7）采集工程施工过程质量监理数码照片。

8）组织召开工作例会。

（7）当发现质量问题时，监理单位应及时签发监理通知书，要求责任单位整改，并应监督其形成闭环管理。整改完毕后，监理单位应对整改情况进行复查确认。

（8）监理单位应对施工单位报验的隐蔽工程、检验批、分项工程和分部工程进行验收，对验收合格的应签字确认，对验收不合格的应不予签字，同时应要求施工单位在指定时间内整改并重新报验。

（9）当施工现场出现下列情况之一时，监理单位应书面通知施工单位立即停工整改，并将情况报送建设单位：

1）发现重大施工质量隐患。

2）从事特种设备作业和特种作业人员无证上岗。

3）无施工方案、无质量保证措施施工。

4）作业人员未经技术交底或未按作业指导书施工。

5）施工人员擅自变更设计图纸进行施工。

6）使用无合格证明的材料、未经进场检验的材料或擅自替换、变更工程材料。

7）未经资质审查合格的施工分包单位进场施工。

8）隐蔽工程未经验收合格擅自隐蔽。

9）发现可能导致环境破坏的隐患。

10）其他严重不符合施工规范的施工行为。

（10）监理单位应督促指导参建单位及时收集、整理过程资料，应按照 DL/T 1363 规定收集、整理监理资料并在工程投产后向建设单位移交。

4. 勘察、设计阶段的监理服务

（1）监理单位应根据委托监理合同约定的服务范围开展勘察、设计阶段的服务工作。

（2）勘察、设计阶段的监理人员资格应符合 DL/T 5434 的规定。

（3）监理单位应审查勘察单位提交的勘察方案，应提出审查意见并报建设单位。

（4）监理单位应检查勘察现场及室内试验主要岗位作业人员的持证情况、所使用设备、仪器计量检定或校准情况、勘察单位原位测试、土工试验等资料及相关检测试验报告。

（5）监理单位应检查勘察单位执行方案的情况；对于重要点位的勘探与测试，监理单位还应进行现场检查。

（6）监理单位应审查勘察单位提交的勘察成果，应提出评估报告并提交建设单位。

（7）监理单位应按照委托合同的约定对设计质量进行监控，应确认设计管理和设计成果符合下列要求：

1）设计单位的质量管理体系应健全。

2）各阶段设计质量计划及技术组织措施应可行。

3）各阶段设计文件均应符合国家现行标准的规定。

4）设计方案应有利于施工和维护。

5.4 电网建设工程设备材料管理

1. 一般要求

（1）设备、材料采购应执行“谁采购、谁负责”的原则。采购单位应编制设备、材料采购的质量控制策划文件，应按照国家现行法律法规的规定对设备、材料采购实行招标。采购的设备、材料应符合设计文件和合同要求。

（2）保管单位应按照设备、材料维护保管要求和产品的技术要求进行设备、材料的现场管理。

（3）设备监造应符合《电力设备监造技术导则》（DL/T 586）、《超、特高压电力变压器（电抗器）设备监造导则》（DL/T 363）、《±800kV 及以下直流输电工程主要设备监理导则》（DL/T 399）的规定。

（4）设备、材料供应单位应按照采购合同向采购单位提供符合设计、制造和检验标准的设备、材料及相关技术、质量文件。

2. 采购管理

（1）采购单位应按照设备功能特性、设计要求、工程进度计划以及国家现行标准编制采购计划和方案，并应组织主要设备、材料技术文件的评审。

（2）对于招标采购的设备、材料，采购单位应按照国家现行法律法规的规定实施招标工作及确定中标单位。

（3）采购合同应明确采购设备、材料的种类、规格、型号、数量、备品备件、专用工具、质量性能、验收标准、交货期及产品验证、运输、保险、包装防护等要求。

（4）设备、材料采购应优先选用国家推荐的节能环保产品，不得选用国家明令淘汰和禁止使用的设备和材料。

（5）采购单位应按照国家现行有关海关、商检、检疫等法律法规办理进口设备、材料的相关手续。

3. 催交和监造管理

（1）催交工作应从产品技术资料催交、设备材料催交、服务催交等方面进行。采购单位应根据采购合同和设备、材料供应单位提交的生产计划制定催交计划，并应根据交付情况动态调整催交计划。

（2）采购单位应对设备、材料制造质量进行监控，宜委托有相应资格的监造单位实施制造过程中的质量验证工作。

（3）监造单位应编制监造服务策划。服务策划应明确监造服务的方法、手段、服务质量标准、记录要求及所需的资源。监造人员参与设备、材料监造与检验，不应免除供应单位的设备、材料质量保证责任。

（4）设备监造报告应真实、准确、完整，并应由监造单位按照合同约定向建设单位移交。

（5）当设备、材料有检测或试验要求时，应由合同约定的单位委托具有相应资质的检测机构进行检测或试验。

4. 运输管理

（1）运输单位应按照合同约定承担设备、材料的运输工作，应按照合同约定对运输设备、材料进行投保，并应执行交通运输主管部门的相关规定，应保证设备、材料运输安全。

（2）当运输大件设备时，运输单位应具有相应等级的大件运输资质，并应编制专项运输方案和安全措施，应组织对每个作业环节进行监督和控制。大件设备运输应符合《电力大件运输规范》（DL/T 1071）的规定。

5. 设备开箱检查及材料验收

（1）设备开箱检查及材料验收应由采购单位组织或委托监理单位组织，建设、监理、施工、物资供应单位应参加。对于进口设备的开箱检验，组织单位应邀请商检人员参加。

（2）设备开箱检验应核查设备的外观质量、数量、产品质量证明文件、安装说明书、试验检测报告、图纸、备品备件、专用工器具、进口设备报关单及原产地证明等。

（3）材料交接验收应核查材料的外观质量、数量、产品质量证明文件、试验检测报告、图纸、进口材料报关单及原产地证明等。

（4）设备和材料的现场检验完成后，监理单位应组织参加单位共同签证。检验不符合项应由采购单位组织处理。

6. 现场保管

(1) 在设备、材料运抵现场后，应由合同约定的责任单位负责保管。

(2) 保管单位应制定设备、材料管理制度，应按要求进行设备、材料检查、维护等日常管理工作并进行记录。

(3) 保管单位应分类存放设备、材料，并应采取防火、防腐、防雨、防损等防护措施。

7. 质量问题关闭

(1) 工程施工阶段发现的设备、材料质量问题的处理，应符合下列要求：

1) 建设单位应组织相关单位确认问题性质、分析问题原因、明确责任单位。

2) 建设单位应组织供应单位编制处理方案。

3) 处理方案应在监理单位审核、建设单位批准后实施。

4) 问题处理完成后，建设单位应会同监理单位组织验收并确认质量问题关闭。

5) 质量问题未得到关闭，设备、材料不得使用。

(2) 在工程质保期发现的设备、材料质量问题，建设单位应组织生产运行单位、供应单位确认问题性质，应组织供应单位编制处理方案并实施。问题处理完成后，应由生产运行单位组织验收并确认质量问题关闭。

5.5 电网建设工程施工管理

1. 施工单位的质量责任

(1) 施工单位应按照《工程建设施工企业质量管理规范》(GB/T 50430) 的规定规范企业质量管理行为。

(2) 施工单位应在资质等级许可的范围内承揽工程，应按照施工合同约定选择合格分包商，不得转包或违法分包。

(3) 施工单位应对工程的施工质量负责，并应对分包工程的施工质量承担连带责任。

(4) 施工单位应建立健全施工质量管理体系，应制定并落实质量保证措施。

(5) 施工单位应按照施工合同约定组建施工项目部，应提供满足工程质量目标的人力、物力和财力的资源保障。

(6) 施工单位应规范施工管理和作业人员行为，应按照设计要求、技术标准和经批准的施工方案组织施工，应组织施工质量控制、检查、检验工作并形成记录。

(7) 施工单位应根据工程一级、二级进度计划、资源投入情况和工程实际特点编制三级进度计划；当需要调整工期时，施工单位应制定相应的质量控制措施，应保证工程质量、进度的协调统一。

2. 施工质量管理策划

(1) 工程开工前，施工单位应根据工程质量总目标开展施工质量管理策划，并应包括下列内容：

1) 质量目标和要求。

2) 质量管理组织和职责。

3）施工质量管理依据的文件。

4）人员、技术、施工机具等资源的需求和配置。

5）影响施工质量的因素分析及其控制措施。

6）施工质量检查、验收计划。

7）施工质量管理应形成的记录。

8）施工单位质量管理的其他要求。

（2）工程开工前，施工单位应根据施工质量管理策划编制质量管理文件，并应报监理单位审核、建设单位批准。质量管理文件应包括下列内容：

1）施工组织设计。

2）达标投产实施细则或创优实施细则。

3）施工质量验收范围划分表。

4）工程建设标准强制性条文执行计划。

5）施工方案及作业指导书。

6）质量通病防治措施。

7）绿色施工方案。

8）施工质量管理制度目录清单。

9）执行法律法规、标准的目录清单。

3. 施工过程质量控制

（1）施工项目部人员执业资格应符合国家相关规定。

（2）工程开工前，施工单位应完成下列工作：

1）施工合同的签订。

2）施工项目部的组建。

3）质量管理体系的建立。

4）施工质量验收范围划分表的编制和审批。

5）施工组织设计、施工方案的编制和审批。

6）绿色施工方案的编制和审批。

7）开工所需施工人员的进场组织和培训。

8）特种作业人员的资格证和上岗证的报审。

9）计量器具、仪表的报审。

10）机械设备的进场组织和主要机械设备的报审。

11）工程分包计划的报审。

12）分包单位资格审查文件的报审。

13）检测试验单位资质审查文件的报审。

14）确认开工所需施工图已齐全并经过会检和交底，应确认产品技术文件、施工技术标准等技术资料已齐全。

15）确认开工所需的材料及设备已进场并能满足连续施工的需要。

（3）检测设备的管理应符合下列要求：

1）施工单位应配备必要的检测设备，并应保证其在有效期内。

2）施工单位应对影响质量的检测设备进行管理，并应在这些设备进场时报监理审查。

3）当发现检测设备失效时，施工单位应对其测量的数据是否有效进行追溯。

（4）施工过程中，施工单位应主要开展下列质量控制工作：

1）资源配置应满足施工质量要求。

2）在变电各单位工程、线路各分部工程开工前进行技术培训交底。

3）按设计文件、施工技术标准、验收标准及作业指导书施工。

4）进行质量检查并形成记录，发现问题应进行闭环管理。

5）按照要求进行原材料见证取样。

6）建立钢筋、水泥等主要原材料的质量跟踪台账。

7）控制可能影响施工质量的作业环境。

8）采取必要的半成品和成品防护措施。

（5）隐蔽工程施工完成后，施工单位应进行自检，并应在隐蔽前提前通知监理单位进行检查验收。隐蔽工程应在验收合格后隐蔽。

（6）施工单位应将专业分包、劳务分包纳入项目质量管理体系进行统一管理，并应开展下列工作：

1）专业分包工程施工前，施工单位应对分包方进行技术交底，应审核分包方编制的施工方案，应确认分包方从业人员的资格与能力，应验证分包方的主要材料、设备和设施符合要求。

2）专业分包工程施工过程中，施工单位应按照专业分包合同的约定实施全过程监督检查，对于发现的问题，施工单位应及时提出整改要求并跟踪复查确认。

3）专业分包工程施工完成后，施工单位应组织验收。

4）劳务分包队伍应按施工单位班组进行管理。

（7）施工过程质量检验及评定应符合《110kV～750kV 架空输电线路施工质量检验及评定规程》（DL/T 5168）、《±800kV 及以下直流架空输电线路工程施工质量检验及评定规程》（DL/T 5236）、《电气装置安装工程质量检验及评定规程》（DL/T 5161.1～17）、《±800kV 及以下直流换流站电气装置施工质量检验及评定规程》（DL/T 5233）、《电力建设施工质量验收及评定规程　第1部分：土建工程》（DL/T 5210.1）的规定。

（8）施工单位应及时、真实、准确地填写各种施工记录，应及时收集各类质量管理活动的文件，并应进行分类整理和编目。

4. 施工质量检查验收

（1）质量检查、验收的依据应包括下列内容：

1）法律法规和国家现行标准。

2）设计文件。

3）施工合同。

4）设备、材料技术文件。

（2）施工单位应按施工质量验收范围划分表执行班组自检、项目部复检、公司专检的三级自检。三级自检应符合下列要求：

1）班组自检率应为100%，项目部复检率应为100%，公司专检率应不低于30%，变电工程应覆盖所有分项工程，线路工程耐张塔、重要跨越塔应全检。

2）线路工程在单位工程施工完成后，应由班组进行自检；在分项工程施工完成后，应由项目部进行复检；在分部工程施工完成后，应由施工单位质量管理部门进行专检。

3）变电土建工程在检验批施工完成后，应由班组进行自检；在分部工程施工完成后，应由项目部进行复检；在单位工程施工完成后，应由施工单位质量管理部门进行专检。

4）变电电气工程在分项工程施工完成后，应由班组进行自检；在分部工程施工完成后，应由项目部进行复检；在单位工程施工完成后，应由施工单位质量管理部门进行专检。

（3）在单项工程施工完成并经三级自检合格后，施工单位应向监理单位申请初检。

5.6　电网建设工程调试管理

1. 调试单位的质量责任

（1）调试单位应按照资质等级许可的范围承揽调试任务。

（2）调试单位应建立健全质量管理体系，应制定并落实质量保证措施。

（3）调试单位应按照调试合同的约定选派具备相应资格能力的调试人员进驻现场。

（4）调试单位应按照调试合同的约定开展调试工作，并应对调试质量负责。

（5）调试单位应形成试验记录，应编制试验报告，并应保证调试档案资料的真实性、准确性和完整性。

（6）调试单位应参与质量检查、工程验收，应配合质量事件、质量事故的调查和处理工作。

2. 调试质量管理策划

（1）工程项目调试前，调试单位应进行下列质量管理策划：

1）建立项目调试质量控制组织机构和制度，确定人员配置。

2）确定调试项目范围及与参建单位的接口关系。

3）确定调试项目质量控制总体目标及节点质量目标。

4）制定调试质量风险评估及控制方案。

5）制定调试反事故措施执行计划。

6）制定调试工程竣工档案的质量控制措施。

（2）调试开始前，调试单位应编制调试技术文件，并报监理单位审核、建设单位批准。调试技术文件应包括下列内容：

1）电气设备交接试验作业指导书、专业调试方案、系统调试大纲。

2）工程建设标准强制性条文执行计划。

3）调试质量管理制度目录清单。

4）执行法律法规、标准的目录清单。

3. 调试过程质量控制

（1）调试单位应参加电气施工图纸会检。对于新技术、新装备的应用，调试单位应参

加建设单位组织的专题研究会议，并可根据需要参加新装备的出厂验收。

(2) 调试单位应提前熟悉设备、系统以及现场调试条件，对于发现的问题，调试单位应及时提出意见或建议。

(3) 调试设备的管理应符合下列要求：

1) 调试单位应配备与调试项目相适应的调试设备，应保证其在有效期内，并应在设备进场时报监理审查。

2) 当发现调试设备失效时，调试单位应对其测量数据的有效性进行追溯。

(4) 调试单位应主要开展下列工作：

1) 在调试开始前进行技术交底。

2) 编制调试专业主控项目清单。

3) 合理安排调试进度。

4) 检查、确认分系统调试和整套启动试运条件。

5) 按照调试方案和作业标准开展工作。

6) 及时、真实、准确地填写调试记录并出具报告。

(5) 保护定值、程序以及配置文件的过程管理应符合下列要求：

1) 自动化设备的源程序或配置文件未经调试单位同意及备案不得修改。

2) 启动试运行前，调试单位和生产运行单位应对调度下发的定值与现场设备进行全面核对。

3) 启动试运行期间，调试单位应按照经审批的启动方案修改保护定值或投退保护。

(6) 试质量检查验收应符合下列要求：

1) 调试单位应完成全部调试项目的质量自检，应参加监理单位或建设单位组织的调试质量验收，应及时消除质量缺陷和遗留问题。

2) 电气设备调试质量验收应符合《电气装置安装工程电气设备交接试验标准》(GB 50150)、《电气装置安装工程质量检验及评定规程》(DL/T 5161.1～17)、《±800kV 及以下直流换流站电气装置施工质量检验及评定规程》(DL/T 5233) 的规定。

3) 系统调试质量验收应符合《110kV 及以上送变电工程启动及竣工验收规程》(DL/T 782)《±800kV 及以下直流输电工程启动及竣工验收规程》(DL/T 5234) 的规定。

4) 对调试质量验收过程中发现的问题，建设单位应组织相关单位分析原因，责任单位应制订整改措施并实施；问题整改完毕后，监理单位应重新进行验收签证。

5) 已经完成验收的设备程序、配置文件修改或硬件更换，应在调试和生产运行单位同意后实施，并应重新进行验收签证。

(7) 调试单位应按照 DL/T 1363 的规定整理、审核及移交调试质量验收技术文件。

5.7 电网建设工程分包管理

(1) 施工总承包单位所选择的施工分包单位除具备相应的资质等级外，不得有不良信用记录，还应在其承担项目所在地的建设行政主管部门或行业主管部门登记注册接受管理。

（2）施工总承包单位除应与施工分包单位签订分包合同并备案外，还应签订工程质量专项协议，进一步明确分包工程的质量标准、质量过程管理、竣工后的保修与服务及质量事故调查处理等各方面总、分包双方的权利、责任与义务。

（3）施工总承包项目部应依据施工分包合同和质量专项协议开展总、分包管理策划及质量过程控制，将施工分包工程的质量管理纳入施工总承包项目部的质量管理体系。

5.8　电网建设工程质量文件过程管理

1. 一般要求

（1）工程质量文件的形成、整理、归档应符合 DA/T 28 和 DL/T 1363 的规定。

（2）设计、监理、施工、调试、设备及装置性材料采购合同应设立专门条款明确提交质量文件的责任。

（3）工程质量文件的管理应纳入工程建设管理的全过程，并应与工程建设同步策划、同步收集、同步检查、同步验收。

2. 过程管理

（1）各参建单位均应设置资料管理人员。资料管理人员应在培训合格后上岗，并应负责下列工作：

1）工程质量文件的收集、分发、核查、整理、保管及档案的移交工作。

2）建立质量文件资料管理台账。

3）保证质量文件的安全性和有效性。

（2）工程开工前，各参建单位均应建立质量文件管理体系，并应开展下列工作：

1）形成质量文件目录清单。

2）明确质量文件形成、收集、整理、移交的程序及要求。

3）将质量文件管理纳入专业管理人员和技术人员的岗位职责或工作标准中。

4）制定检查、控制及考核措施。

（3）工程开工前，建设单位应组织各参建单位资料管理人员进行培训和交底。交底应明确工程合同内关于质量文件管理的职责和范围，应明确施工记录统一、监理表式统一、报审程序统一、验收文件统一的要求。

（4）施工过程中，各参建单位均应在职责范围内开展质量文件的形成、收集、整理和归档工作，应对全过程质量文件资料的真实性、准确性和完整性负责。建设单位应组织、协调和指导各参建单位整理工程质量文件，监理单位应开展过程监督检查。

（5）工程质量文件应字迹清晰、图标整洁，签字盖章手续应完备。书写字迹应符合耐久性要求，不得用易褪色的材料书写或绘制。复印、打印的文件或照片，其字迹、线条、影像的清晰及牢固程度应符合要求。

（6）参建单位应对各自编制的工程执行法律法规和标准清单实施动态管理。

（7）工程质量文件中的各种原材料及构（配）件出厂证明、质量保证书、出厂试验报告、复试报告应齐全、完整；证明材料应内容规范、数据准确；钢筋、水泥等主要原材料的使用应建立跟踪台账。

(8) 工程质量文件中的各类记录表格应符合标准要求，形式应统一。各项记录填写应真实、可靠，数据填写应详细、准确，不得出现漏缺项，无内容的项目应划杠或盖“以下空白”章。

(9) 施工质量问题处理应有详细的闭环资料，资料宜包括调查报告、分析及处理意见、处理结论及消缺记录、复检意见与结论。

(10) 各参建单位应按照项目档案管理办法的规定采集质量相关的影像资料。影像资料应与工程建设同步形成、实地拍摄，应真实反映现场质量控制情况。

(11) 工程影像资料应保证载体的有效性、内容的系统性和整理的科学性。影像资料整理时应对时间、地点、主题等内容进行文字说明。

(12) 工程各阶段的检查均应包括对于质量文件及其形成档案的检查。对于检查单位提出的质量文件整改要求，责任单位应在规定时间内完成整改并形成闭环报告。

3. 验收和移交

基建单位在投产后三个月内监督各参建单位完成归档审查整改，编制《档案移交清册》和《电网建设项目档案移交表》，与经审查合格的项目文件一并移交档案部门。

项目立项、可研、初步设计等项目前期文件，各职能部门应在项目开工前向档案部门移交。

5.9 电网建设工程技术创新管理

1. 技术创新管理策划

(1) 工程开工前，建设单位宜针对工程设计、监理、施工及其他参建单位调研需解决的关键技术问题并提出技术创新研究课题，宜按照需要正式立项的科研课题和施工过程中的技术创新进行分类管理。

(2) 对于科研课题，建设单位应组织开展可行性研究评审或向科技主管部门申请立项，经立项批准后应组织签订科技项目合同。对于自行开展的研究项目，参建单位可按照内部规定程序申请立项。

(3) 对于技术创新，建设单位宜在工程开工前组织编制技术创新管理策划。管理策划宜明确技术创新研究的内容、方法、成果以及工程应用计划，也可将相关内容合并在工程质量管理策划文件中。

(4) 根据工程实际特点，施工单位可制定新技术、新工艺、新流程、新装备、新材料应用计划和工法编制计划。

2. 技术创新过程管理

(1) 依托工程开展的科技项目研究过程中，建设单位应加强过程管控，应至少组织一次中间检查，并应按照合同控制研究进度，应按期组织项目验收。

(2) 对于技术创新及新技术、新工艺、新流程、新装备、新材料的应用，建设单位和监理单位应加强组织协调，对于成果在工程中的推广应用宜给予资金和政策上的支持。实施单位应根据工程应用情况改进和完善研究成果。

(3) 技术创新工作完成后，实施单位应进行技术总结，宜同步申报科技成果、专利、工法成果、QC成果等。

3. 技术创新成果评估和推广

（1）对于重要技术创新成果，建设单位应组织实施单位开展全面技术总结，宜对技术创新成果的研究意义、技术先进性、社会经济效益及推广价值进行评估，并应形成技术创新成果应用计划。

（2）对于在工程技术创新及新技术、新工艺、新流程、新装备、新材料的应用方面作出突出贡献的单位和个人，建设单位宜设置专门奖项进行表彰和奖励。

5.10　电网建设工程生产准备及试运行质量管理

1. 生产运行单位的质量责任

（1）生产运行单位宜参加工程设计联络会和施工图会检。

（2）生产运行单位应参加工程竣工预验收、启动验收，应组织工程的生产准备工作。

（3）生产运行单位应制定运行设备停电计划，应协调、调整电网运行方式以配合完成工程的投产。

（4）生产运行单位应下达有关保护定值、调度命名和运行方式，并应负责工程投运的全过程调度管理。

（5）生产运行单位应负责工程试运行期间现场启动操作、监视、巡视，应协调配合异常情况和事故处理。

（6）生产运行单位应配合工程达标投产、质量评价以及优质工程申报等工作。

2. 生产准备管理

（1）建设单位应根据工程建设进度及时向生产运行单位提交有关设计图纸、设备参数资料。

（2）在生产准备阶段，生产运行单位应完成下列工作：

1）确定变电站的运行管理模式和值班方式。

2）确定输电线路的运行管理模式。

3）配置运行岗位并制定培训目标和计划。

4）建立设备台账并规定设备管理责任。

5）准备工器具和备品备件。

6）参与制订工程启动验收内容及要求。

7）准备有关法律法规和技术标准、相关调度规程、现场运行规程及技术资料。

3. 生产试运行管理

（1）工程启动试运行的运行班组成员应接受业务培训，并应具备相应岗位资格。

（2）启动试运行应按照批准的启动方案执行。

（3）试运行过程中，运行值班人员应对各项运行数据和设备的运行情况进行详细记录。

（4）试运行过程中发现质量不符合项的处理应符合下列要求：

1）质量不符合项应由启动验收委员会组织进行分析并提出处理意见。

2）需要试运行期间处理的质量不符合项，应经启动验收委员会批准后实施。

3）可留待启动试运行后处理的质量不符合项，应由启动验收委员会明确责任单位和完成期限。

4）质量不符合项处理完毕后，应由启动验收委员会组织检查确认。

（5）新设备连续带电试运行24小时后，运行单位应组织人员对试运行情况进行检查，在确认合格后应与施工单位完成新设备的交接手续。

（6）工程移交应符合《110kV及以上送变电工程启动及竣工验收规程》（DL/T 782）、《±800kV及以下直流输电工程启动及竣工验收规程》（DL/T 5234）的规定。

5.11 电网建设工程质量验收及评价

1. 一般要求

（1）工程质量验收应按照中间验收、竣工预验收、启动验收和竣工验收分阶段进行。前一阶段质量验收所发现的不符合项应及时进行纠偏处理。质量问题未得到关闭，不得进行下一阶段工作。

（2）工程质量各阶段验收应具备下列条件：

1）完成设计文件和合同约定的各项内容。

2）具有完整的技术档案和施工管理资料。

3）具有主要建筑材料、构（配）件和设备的进场试验报告。

4）具有勘察、设计、监理、施工等单位签署的质量合格文件。

（3）工程质量验收的依据应包括下列内容：

1）法律法规和国家现行标准。

2）设计文件。

3）工程合同。

4）设备、材料技术文件。

（4）工程各阶段中间验收应包括下列内容：

1）应完成的工程实体质量。

2）应形成的阶段工程资料。

（5）工程竣工预验收应包括下列内容：

1）施工单位三级自检及监理初检发现问题的关闭。

2）工程设计、施工及分系统调试质量。

3）工程档案资料。

（6）工程启动验收应包括下列内容：

1）竣工预验收发现问题的关闭。

2）启动调试应具备的条件。

3）消防、安全设施的专项验收。

4）生产运行准备，包括备品备件、专用工具、仪器仪表移交。

5）工程档案资料。

（7）工程竣工验收应按照国家有关规定执行。

2. 工程质量验收

（1）变电工程应分别在主要建（构）筑物基础完成、土建交付安装前、投运前进行中间验收。输电线路工程应分别在杆塔组立前、导地线架设前、投运前进行中间验收。投运前中间验收可与竣工预验收合并进行。中间验收应符合下列要求：

1）施工单位应完成三级自检，在自检合格后，应编制自检报告并申请监理初检。

2）在收到初检申请并确认符合条件后，监理单位应组织进行初检，在初检合格后，应出具监理初检报告并向建设单位申请中间验收。

3）建设单位应组织进行中间验收并出具中间验收报告。

4）在中间验收合格后，建设单位应向质量监督机构申请质量监督检查，并应组织设计、监理、施工、调试单位配合质量监督检查。

（2）工程竣工预验收应符合下列要求：

1）在完成设计文件和合同约定的全部内容后，施工单位应进行三级自检，在自检合格后，应编制竣工报告并申请监理初检。

2）在收到初检申请并确认符合条件后，监理单位应组织对工程进行初检，在初检合格后，应出具监理初检报告并向建设单位申请竣工预验收。

3）建设单位应组织进行竣工预验收并出具竣工预验收报告。

4）建设单位应向主管部门申请消防、安全设施专项验收。

5）建设单位应向质量监督机构申请投运前的质量监督检查；质量监督机构应完成监督检查并确认工程是否具备启动条件。

（3）直流工程启动验收应符合《±800kV及以下直流输电工程启动及竣工验收规程》（DL/T 5234）的规定。交流工程启动验收应符合《110kV及以上送变电工程启动及竣工验收规程》（DL/T 782）的规定。

（4）工程投运后，建设单位应及时组织完成下列工作：

1）在要求期限内配合行政主管部门完成专项验收。

2）在专项验收资料归档后申请工程竣工验收。

5.12　电网建设工程质量事件、事故报告和调查处理

1. 工程质量事件报告和调查处理

（1）工程质量事件根据事件性质和直接经济损失大小一般应划分为下列四个等级：

1）凡具有下列情况之一的，属于一级质量事件：

a）造成50万元及以上、100万元以下直接经济损失。

b）建（构）筑物的基础沉降超标，建（构）筑物倾斜超标、主体结构强度不足。

c）影响安全、降低使用年限或造成不可挽回的永久性缺陷。

d）影响主要设备及相应系统的使用功能。

2）凡具有下列情况之一的，属于二级质量事件：

a）造成20万元及以上、50万元以下直接经济损失。

b）工程结构部位尺寸或强度达不到设计要求，降低工程抵御自然灾害能力，需要返工返修处理。

c）设备在安装、调试期间，由于保管、操作不当，造成设备严重损坏，需要更新处理。

3）凡具有下列情况之一的，属于三级质量事件：

a）造成10万元及以上、20万元以下直接经济损失。

b）设备在安装、调试期间，由于保管、操作不当，造成设备严重损坏需返厂处理，但不影响设备的正常使用和工程寿命。

c）由于工艺差错、构（配）件规格和加工问题，造成批量返工。

4）凡具有下列情况之一的，属于四级质量事件：

a）造成5万元及以上、10万元以下直接经济损失。

b）设备经调试不能满足运行参数要求，经修复能够满足运行要求和使用寿命，但影响投运15天及以上。

（2）工程质量事件的报告应符合下列要求：

1）质量事件发生后，现场有关人员应立即向本单位现场负责人报告，现场负责人应向本单位负责人报告；情况紧急时，事件现场有关人员可直接向本单位负责人报告。

2）一级质量事件应在8小时内向工程建设单位和监理单位报告；二级、三级质量事件应在24小时内向工程建设单位和监理单位报告；四级质量事件应在48小时内向工程建设单位和监理单位报告。

3）监理单位可根据事件等级和现场情况对质量事件部位或与其有关部位及下道工序下达停工令，停工单位应采取现场防护措施。

4）质量事件报告可采用电话、传真、电子邮件、短信等形式上报。二级及以上质量事件应在48小时以内以书面形式上报事件简况。事件简况应包括下列内容：

a）事件发生的时间、地点、单位。

b）事件发生的简要经过、直接经济损失的初步估计。

c）工程建（构）筑物结构安全和设备损坏的初步情况。

d）事件发生原因的初步判断。

5）提交质量事件报告后出现新情况时，责任单位应及时补报。

（3）工程质量事件的调查应符合下列要求：

1）一级、二级质量事件应分别由建设单位和监理单位组织调查；三级、四级质量事件应由施工单位组织调查。

2）质量事件调查组应开展下列工作：

a）查明事件发生的原因，必要时可组织技术鉴定。

b）核定直接经济损失。

c）审查责任单位提出的事件处理建议方案。

d）提出防止类似事件再次发生的措施。

e）查明责任单位、责任人，并应提出处理建议。

f）提交事件调查报告。

3）质量事件调查完成后，事件调查组应完成质量事件调查报告并在事件发生后的30日内上报。特殊情况下，经建设单位同意可延至60日。质量事件调查报告应包括下列内容：

a）项目基本情况，事件发生单位、发生经过和现场处理情况。

b）事件等级和造成的直接经济损失情况。

c）事件发生的原因和性质。

d）事件责任的认定和事件责任者的处理建议。

e）事件防范和整改措施。

f）事件调查组人员签名。

4）事件调查报告可根据情况附设计文件、现场调查记录、质量检测报告、技术分析报告等证据材料。

（4）工程质量事件的处理应符合下列要求：

1）质量事件的处理应实行质量责任终身追究制。

2）事件处理需进行设计变更时，应由原设计单位或有资质的单位提出设计变更方案；需进行重大设计变更时，应经原设计审批部门审定后实施。

3）监理单位应编制工程质量事件处理报告并提交给建设单位。质量事件处理报告应包括下列内容：

a）质量事件调查情况。

b）质量事件的处理依据。

c）质量事件的工程处理方案。

d）工程实体处理过程资料及结果验收资料。

e）质量事件的处理结论。

4）质量事件处理全过程资料应妥善保存，并应在工程竣工后移交归档。

2. 工程质量事故报告和调查处理

（1）发生因工程质量原因造成的人员伤亡事故时，事故报告和调查处理应符合中华人民共和国国务院令第493号的规定。

（2）工程质量事故根据事故性质和直接经济损失大小应划分为下列四个等级：

1）凡具有下列情况之一的，属于特大质量事故：

a）造成1亿元及以上直接经济损失。

b）对工程建设安全、质量、工期、投资造成重大影响。

2）凡具有下列情况之一的，属于重大质量事故：

a）造成5000万元及以上、1亿元以下直接经济损失。

b）对工程建设安全、质量、工期、投资造成很大影响。

3）凡具有下列情况之一的，属于较大质量事故：

a）造成1000万元及以上、5000万元以下直接经济损失。

b）对工程建设安全、质量、工期、投资造成较大影响。

4）凡具有下列情况之一的，属于一般质量事故：

a）造成100万元及以上、1000万元以下直接经济损失。

b）对工程建设安全、质量、工期、投资造成一般影响。

（3）当发生工程质量事故时，事故单位和人员应采取应急措施，应防止事故扩大和引发安全事故。

（4）当发生工程质量事故后，相关单位应按照国家法律法规的规定进行报告和调查处理。质量事故还应按照“事故原因不查清不放过、责任人员未处理不放过、整改措施未落实不放过、有关人员未受到教育不放过”的原则进行调查处理。

第6章 电网建设工程质量管理标准化评价体系的构建思路

本章基于电网建设工程质量管理的模式方法、主体分析和标准化策划，结合电网建设工程质量管理现状，构建了电网建设工程质量管理标准化评价体系。

6.1 电网建设工程质量管理标准化的内涵及主要价值

6.1.1 内涵

1. 电网建设工程质量管理标准化的主体

工程质量管理主体，如图6-1所示。

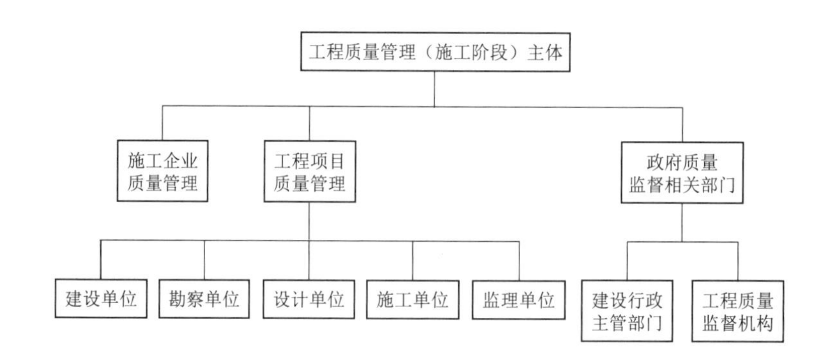

图6-1 工程质量管理主体

（1）电网建设工程质量管理标准化方面，根据工程建设各参与方进行分析，主要包括电网建设工程四大责任主体——建设单位、设计单位、施工单位、监理单位，其中主要考虑施工单位，兼顾建设、设计、监理等单位的质量管理问题。

（2）工程质量监督标准化方面，包括建设行政主管部门、工程质量监督机构，其中重点考虑工程质量监督机构，不考虑建设行政主管部门的管理问题。

因此，基于电网建设工程的特点进行筛选，其评价主体如图6-2所示：

2. 电网建设工程质量管理标准化

电网建设工程质量管理标准化是指企业以获得最佳秩序和最佳效益为目标，将生产工作的方式和方法形成科学规范具体的规程和准则，从而使工作变得更为规范化、常规化和程序化。电网建设工程质量管理标准化又可分为：

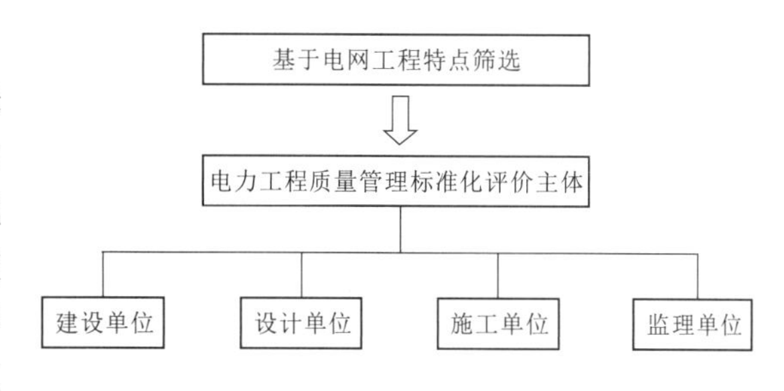

图 6-2 电网建设工程质量管理标准化评价主体

(1) 企业质量管理标准化。共包括对企业质量管理体系、质量管理制度、质量管理计划、质量管理实施、质量管理措施等内容的梳理和规范，明确企业质量管理的管理机构与人员、质量管理行为、质量管理方法措施和实体质量要求。

(2) 电网建设工程项目质量管理标准化。共包括明确和规范电网建设工程项目质量管理相关的建设、设计、施工、监理单位质量管理的质量管理做法，形成包括管理机构与人员、质量管理行为、质量管理方法措施和实体质量标准化在内的电网建设工程项目质量管理标准化体系。

6.1.2 主要价值

推行质量管理标准化是提高企业质量管理效率的有效手段，是打造优质电网建设工程项目的有力保障，也是促进电网建设工程质量水平提升的重要手段。

1. 标准化是提高企业质量管理效率的有效手段

电网建设工程质量管理标准化的根本目的是将复杂的问题流程化、模糊问题具体化，分散问题集成化、成功方法重复化，通过质量标准化管理，企业一方面能自觉贯彻工程质量有关法律、法规和标准、规范；另一方面能有效保证企业所承建工程质量水平的整体平稳性，逐步建立完善自我约束、持续改进的工程质量管理长效机制，能有效降低质量管理成本，提高质量管理效率。

2. 标准化是打造优质电网建设工程项目的有力保障

标准是管理实践经验的高度融合和提升。实践证明，在电网建设工程项目推行质量管理标准化，能够规范质量管理流程，压实各岗位质量管理责任，提高参建人员质量意识，有利于电网建设工程项目创建优质工程。

3. 标准化是促进电网建设工程质量水平提升的重要手段

通过质量标准化管理，企业能不断降低质量管理成本，提高经济利润率。在电网建设工程项目方面，能够有效提高电网建设工程项目质量评价合格率，是实现电网建设工程项目与企业双赢的有效途径，也将进一步促进企业管理质量和电网建设工程项目质量的不断提升。

6.2　实施电网建设工程质量管理标准化评价的意义

电网建设工程质量管理标准化评价运用系统工程思想，从企业、电网建设工程项目两个层面：构建企业质量管理标准化评价、电网建设工程项目的质量管理标准化评价两大体系。引导质量管理标准化水平提升，实现工程质量管理的系统化、最优化，提高生产、工作和管理效率，进而提高工程质量，降低施工成本。实施电网建设工程质量管理标准化评价对于促进电网建设工程质量管理标准化体系建设、提升工程质量管理水平具有重要意义。

1. 企业质量管理标准化评价的意义

企业通过实施工程质量标准化评价，可以加强企业在质量方针及质量目标、组织机构和职责、人力资源管理、电网建设工程项目质量管理、质量检查与验收以及质量信息与质量管理改进等质量管理工作的标准化，进而实现项目质量管理由过去的传统管理、事后管理、经验型管理向现代化的科学管理、系统管理、制度管理、标准化管理的转变，从而达到对工程的有效控制。企业则依据科学性、可操作性、整体性以及最优性原则形成相关标准化工程质量管理。

企业将生产工作的方式和方法形成科学规范具体的规程和准则，有利于规范其内部的工程质量管理行为、降低施工成本，提高工程质量和档次。同时，加强企业日常质量管理、项目质量流程管理、项目实体质量管理以及工序质量过程控制，有利于实现工程质量管理的规范化、常规化和程序化。企业在按相应标准对其施工行为进行评价时，通过质量管理自查与评价，对自身工程质量进行控制和监督，使企业质量管理高效、有序；通过对达标、不达标的项目进行奖励和惩罚，减少或消除质量缺陷的产生，当发生质量缺陷时也可以及时发现并采取纠正措施。

2. 电网建设工程项目质量管理标准化评价的意义

对于电网建设工程项目，责任主体包括建设单位、设计单位、施工单位、监理单位。对电网建设工程质量管理标准化进行评价，是为了实现责任主体质量管理工作的流程化和规范化，进而提高电网建设工程项目质量管理的效率。

从“人”的方面，通过标准化评价可促进质量管理机构的设置、岗位人员安排及各人员职责划分的合理化，保证各方管理人员按其标准化要求尽职尽责地工作，持证上岗；从“机”的方面，通过标准化评价，可以规范机械设备管理行为，规范技术管理、现场质量管理和资料管理等质量管理行为，完善各方主体质量管理行为的综合体系，有助于实现电网建设工程项目质量管理制度、措施和技术手段的统一，进而达到电网建设工程项目质量管理工作应达到的效果。评价过程也有助于工程质量管理主体明确自身建设的优势和不足，总结经验，不断改进。

6.3　实施电网建设工程质量管理标准化评价的思路

6.3.1　电网建设工程质量管理标准化评价体系与质量监督体系的关系

我国电网建设工程质量监督以政府监督为主，目前主要由政府监督、建设单位和社会

监理、勘察设计单位、施工单位、分包单位和材料设备供应商自检三方面监督组成。

但目前建设主体的自我约束和自我规范行为在电网建设工程实施的过程中，不同程度地存在着影响电网建设工程质量的问题，为此，电网建设工程质量管理标准化可以以此为切入点，通过建立一套统一的质量管理标准化评价标准，引导参建各方提供电网建设工程质量管理水平。电网建设工程质量监督体系层次划分如图 6-3 所示。

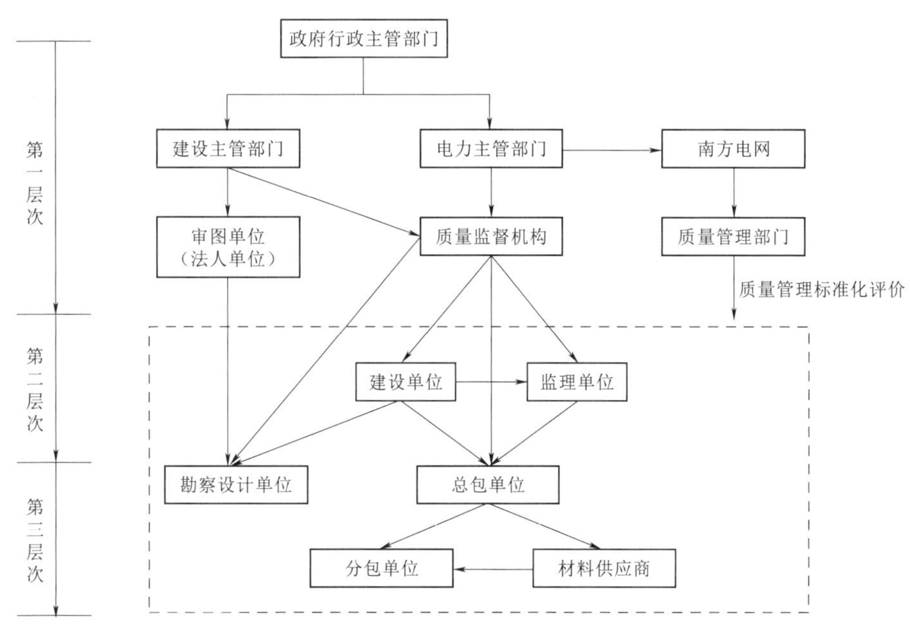

图 6-3 电网建设工程质量监督体系层次划分示意图

我国电网建设工程质量监督的主体是国家能源局等电力主管部门和各级政府建设行政主管部门及其他有关部门。形成以政府行政主管部门及其委托的电网建设工程质量监督管理机构、建设单位及其代表监理单位和勘察设计单位、施工单位、分包单位和材料设备供应商三个层次构成的电网建设工程质量监督管理体系。

在公司范围内，电网建设工程质量管理标准化评价体系与电网建设工程质量监督管理体系不同之处主要在于第一层次，其第一层次为公司及其下设的质量管理部门。相对于在建设主体的自我约束和自我规范行为，增加了一层保障，从公司内部体制机制出发，提高建设主体实现自我约束、自我规范行为的监督力度。

第二、第三层次与电网建设工程质量监督管理体系采取相同的划分方式。其中，第二层次为建设单位及其代表监理单位，他们对工程建设全过程进行现场监控。建设单位作为投资者，依法行使工程发包权利，监理单位受建设单位的委托，在合同规定的范围内对工程建设的投资、质量、进度进行全过程控制，对有关合同和信息进行管理。第三层次为勘察设计单位、施工单位、分包单位和材料设备供应商。按照谁设计谁负责、谁施工谁负责的质量责任国际惯例原则，勘察设计单位、施工单位、分包单位和材料设备供应商均是工程建设中的质量管理责任主体之一。

在电网建设工程质量管理标准化评价体系中，三个层次的各单位之间有着相对独立、相互联系、相互影响的关系，质量管理部门是电网建设工程质量管理标准化评价体系的核心，它分别对电网建设工程质量管理责任主体——建设单位、监理单位、勘察设计单位和总承包单位实施全面监管；三个层次的划分，有利于明确各质量管理责任主体的身份和职责，有利于理顺有关单位在工程质量管理中的相互关系，使其在工程质量管理中各司其职、各负其责，形成一个既独立又统一的质量管理体系，在工程建设实践中达到不断发展和完善工程质量管理标准化评价体系、提高工程质量的目的。

我国电网建设工程质量监督管理标准化评价体系与质量监督体系关系，如图 6－4 所示。电网建设工程质量监督又可分为公众舆论监督层、政府行政监督层和生产经营自我监督层。政府行政监督层和均接受公众的监督。生产经营自我监督层是由建设单位、监理单位、施工单位等构成的被监督层，也可称为项目自我监督层，接受生产经营自我监督层、政府行政监管层的监督管理和社会大众的监督。社会公众、新闻媒体虽然没有直接参与电网建设工程质量监督管理，但却对电力建设市场的各参与方与政府起着巨大的舆论作用，有效地督促各方采取规范安全的行为，进一步推动工程质量管理工作的规范开展。

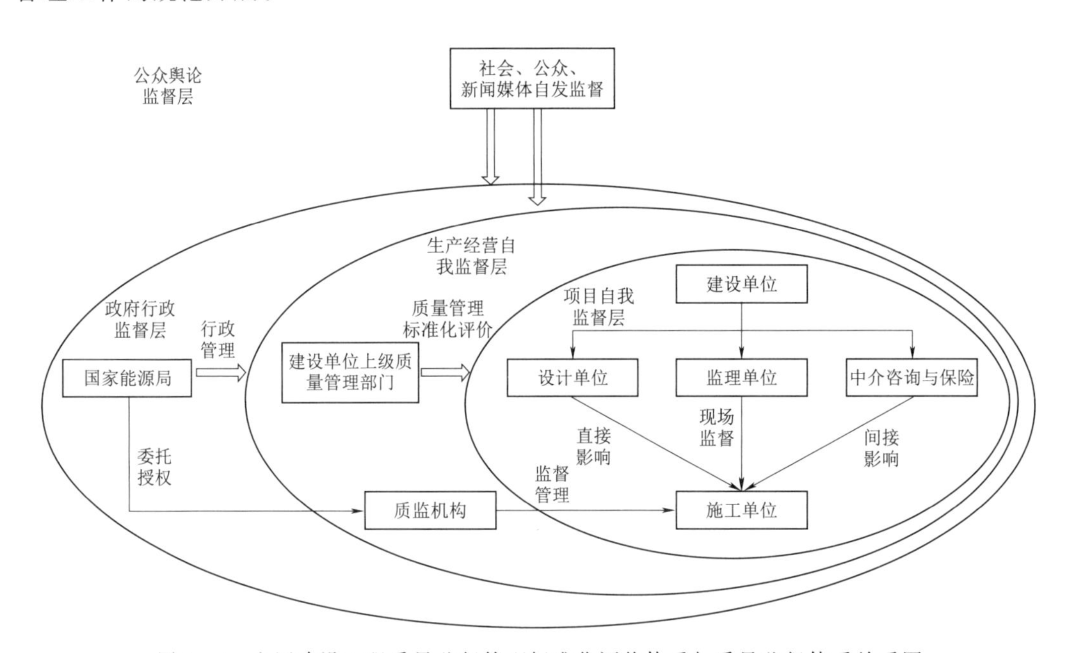

图 6－4　电网建设工程质量监督管理标准化评价体系与质量监督体系关系图

电网建设工程质量监督主要是对施工全过程和质量行为等方面进行监督。由电力行政主管部门派出的监督机构，对所有在建工程的质量行为实施监督，包括工程执行法律法规和工程强制标准的情况、工程主体结构实体质量、责任主体的质量行为、竣工验收监督和对违法行为处罚。监督的对象是参建五方：建设单位、勘察单位、设计单位、监理单位、施工单位。现行体系的质量监督的主要对象是施工单位，其次是监理单位、设计单位，再次是建设单位。监督重点包括：开工、验收、竣工等程序、步骤

是否合法合规；各方资质、岗位、证件是否齐全有效；质量管理资料、质量控制资料的完整、真实、有效性；对质量安全技术的违背规范违背当地规范性文件的行为进行制止，直到处罚。另外，我国政府对电网建设工程质量进行监督的主要手段是项目核准、施工许可制度、竣工验收备案制度和质量监督制度。在工程项目开工前，监督机构接受建设单位有关建设工程质量监督的申报手续，并对建设单位提供的有关文件进行审查，审查合格签发有关质量监督文件。建设单位凭借工程质量监督文件，向建设行政主管部门申领施工许可证。竣工后编制单位工程质量监督报告，进行工程质量监督档案归档管理。

但是，电力质量监督更像是外部的工具，对于企业内部、电网建设工程内部缺少操作空间，因此，在各监督层次间处于中间环节，构建仅次于电力监督的质量管理标准化评价体系，就能够有效发挥出承上启下作用，为企业自我监督提供有效的检验手段。建立后的电网建设工程质量管理标准化，既能作为生产经营自我监督层的一项新工具，又能向上承接政府监督层的关于加强全面质量监管，强化事中事后监管，严格按照法律法规从各个领域、各个环节加强对质量的全方位监管的质量管理要求，形成全方位的质量管理标准化评价指标和标准，从企业自身管理机制改革入手，减少质量监管若存在缺失时带来的质量影响。在开展对项目质量管理标准化评价时，将政府监督层的具体要求及时向下传达，促进项目提高质量管理水平，进而使得项目达到政府监督的要求。

6.3.2 电网建设工程质量管理标准化评价体系组织架构总体设想

电网建设工程质量管理标准化评价组织架构及其体系是决定公司对电网建设工程质量评价管理成效的关键，建立适合中国特色社会主义市场经济特征的完整、健全的电网建设工程质量管理标准化评价架构体系，是推进公司电网建设工程质量管理标准化评价体系良性运行的核心，遵循电网建设工程质量形成的内在本质规律，才能有效地促进电网建设工程质量全面、全过程、全方位的评价，才能有效促进电网建设工程质量管理整体水平的持续改进和提高，才能有效维护和保障公司和公众的电网建设工程质量利益，进而促进电网建设工程行业的高质量发展，推动国民经济的发展与进步。

图 6-5 为电网建设工程质量管理标准化评价体系在我国电网建设工程质量监督管理体系中的定位运行图。目前，我国正在努力形成“政府宏观监管、质监机构监督、企业全面负责、行业积极自律”的监管格局，探索“法律法规先行、技术手段创新、工程担保实施、人才队伍保障”的新型电网建设工程质量监管模式。

新构建的电网建设工程质量监督管理体制是在较为完善的建设工程法律法规以及社会大众的共同监督下，形成国家能源局统筹监管，质量监督机构具体负责，企业协会、建设单位、施工企业、监理企业、勘察、设计单位、中介机构以及保险机构等各方主体共同参与的电网建设工程质量监督管理模式。国家能源局在工程建设的质量监督管理中，直接对电力建设企业的质量行为进行垂直的监督管理，并对它们的生产行为和操作规程等进行指导和协调。各级质量监督机构则接受国家能源局（或派出机构）的授权和委托，具体负责对电力建设企业的质量行为进行监督管理，同时还可以为企业提供相应的咨询服务，并就

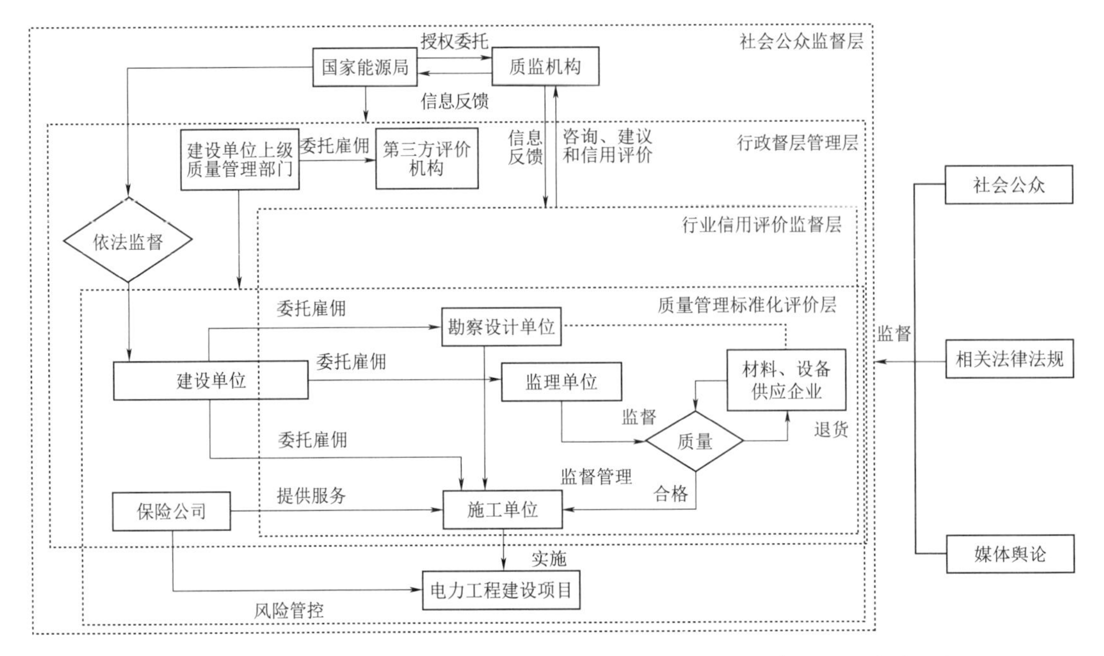

图 6-5　电网建设工程质量管理标准化评价体系在质量监督管理体系中的定位运行图

自己的监督管理行为接受国家能源局的监督。施工企业在参与工程建设的活动中，一方面要自觉履行承包合同的义务，就自己的质量行为接受国家能源局（含地方电力主管部门）、各级质量监督机构、行业协会组织、建设单位、监理企业及勘察、设计单位等监督；另一方面要积极参与质量监督机构、行业协会组织和中介机构举办的各种质量管理和质量监督教育及培训活动，从而提高企业的质量管理水平，还可以就生产活动中的各种技术难题向行业协会组织等进行反馈和咨询。建设单位、监理企业、勘察设计单位等也应认真履行合同义务，自觉接受电力行政主管部门、各级质量监督机构和行业协会组织的监督，同时还要对施工企业的质量管理情况进行监督和管理。材料、设备供应商则要提供质量合格的施工生产材料、设备和机械，并接受监理企业和勘察设计单位的监督管理。中介机构应加强与各方主体间的联系和沟通，充分发挥咨询服务作用，也可以接受保险机构的委托对施工企业的质量管理行为进行监督。

在电网建设工程质量监督管理体制中，电力行政主管部门、各级质量监督机构和行业协会组织以组织者和服务者的身份将电网建设工程生产活动的各个利益群体连接起来，共同参与生产、监督管理，加强相互之间的沟通和联系，利于各个主体间发挥监督管理作用，从而摆脱了电力行政主管部门单方面进行电网建设工程质量监督管理的体制。同时在新体制内部，电网建设工程质量监督管理法律法规和社会的联合监督作用共同形成了电网建设工程质量监督管理体制的外在驱动力，它使得工程质量监督管理体制内部的电力行政主管部门、质量监督机构、行业协会组织、建设单位、施工企业、监理企业、勘察、设计单位、中介机构、保险机构等之间的监督管理作用发挥得更加顺畅。

为了在新的电网建设工程质量监督管理体制中有效发挥企业的管理优势，建立适用于公司的质量管理标准化评价体系，能在新体制中成为企业和项目顺利达到各监督层要求的一项基础保障措施，为企业和项目提供更全面规范的质量管理自我诊断标准，是企业积极开展共同参与监督管理活动的重要工具。

6.3.3　电网建设工程质量管理标准化评价体系运行思路

电网建设工程质量管理标准化评价体系运行如图6-6所示，主要将围绕评价对象、评价主体、评价计划、评价工作组、评价内容、评价等级等环节展开，旨在通过建立一个能够同时适用于企业和项目两类评价对象、评价主体层级划分清晰、评级内容涵盖质量行为和实体质量、评价流程完善、评价结果支持企业与项目相互印证、参评对象质量管理水平通过参与评价循环提升的质量管理标准化评价体系。

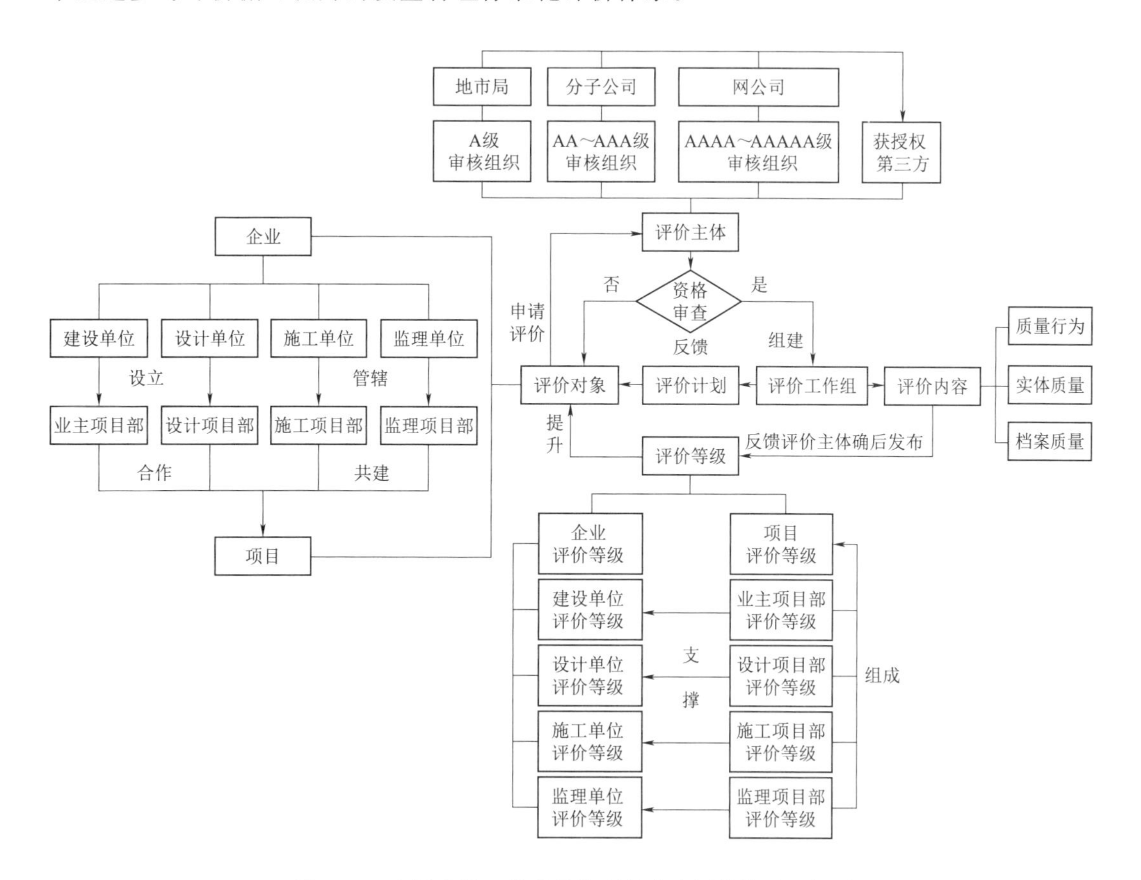

图6-6　电网建设工程质量管理标准化评价体系运行图

1. 评价对象环节

评价对象主要分为项目和企业。在项目与企业的关系上，建设单位、设计单位、施工单位和监理单位既是项目的管控主体，也是企业的本身的主体，项目的管控主体均由企业设立和管辖，因此，在企业和项目的评价上存在较大的关联性，具备建立一个能够同时适用于企业和项目两类评价对象的评价体系的基本条件。

2. 评价主体环节

根据五个评价等级（A、AA、AAA、AAAA、AAAAA）进行权限的划分：将

AAAA 级～AAAAA 级的评价、审核权限设置在网公司；AAA 级～AA 级的评价、审核权限设置在省公司；A 级的评价、审核权限设置在地市局，并通过设置和授权第三方评价机构，构建清晰的出评价主体层级划分，并提高了评价主体的操作性。

3. 评价工作组环节

通过规范质量管理标准化评价专家的聘用、职责和管理，提高质量管理标准化评价的权威性。

4. 评价计划方面

成立评价工作组后，由评价工作组结合资格审查通过的项目、企业的实际情况，制定评价计划，并统一反馈至各个项目和企业。

5. 评价内容方面

初步设置为质量行为、实体质量和档案质量。结合后期研究，评价内容主要分为管理机构和人员、质量管理行为、质量管理方法措施和实体质量四个维度。

6. 评价等级方面

项目作为企业质量管理的支撑和体现，企业的评价等级应参考企业管辖项目的评价进行综合评价，以提高评级等级的科学性。

6.3.4　电网建设工程质量管理标准化评价的主要依据

本书关于企业质量管理标准化评价、电网建设工程项目质量管理标准化评价的工作依据，主要包括工程建设质量管理法律、法规、规章、规范性文件、部分企业质量管理评价体系以及电网建设工程项目质量管理措施，见表 6－1。

表 6－1　　电网建设工程质量管理标准化评价的部分依据

一、法律、法规及规章	
序号	文　件　名　称
1	《中华人民共和国建筑法》
2	《中华人民共和国民法典》
3	《建设工程勘察设计管理条例》
4	《民用建筑节能条例》
5	《电力建设工程质量监督规定》
6	《房屋建筑和市政基础设施工程竣工验收备案管理办法》
7	《房屋建筑工程质量保修办法》
8	《实施工程建设强制性标准监督规定》
9	《建设工程监理范围和规模标准规定》
10	《建筑工程施工许可管理办法》
11	《建设领域推广应用新技术管理规定》
12	《建设工程勘察质量管理办法》
13	《建设工程质量检测管理办法》
14	《电力建设工程质量监督专业人员培训考核暂行办法》

续表

二、规 范 规 程	
序号	文 件 名 称
1	《建设工程项目管理规范》(GB/T 50326—2017)
2	《建设项目工程总承包管理规范》(GB/T 50358—2017)
3	《建设工程监理规范》(GB/T 50319—2013)
4	《电力建设工程监理规范》(DL/T 5434—2021)
5	《工程建设标准强制性条文 电网建设工程部分》
6	《工程建设标准强制性条文 房屋建筑部分》
7	《质量管理体系 基础与术语》
8	《质量管理体系 要求》
9	《电力建设工程质量评价管理办法》
10	《电力建设工程地基结构专项评价办法》
11	《电力建设绿色施工专项评价办法》
12	《电力建设新技术应用专项评价办法》
13	《项目管理指南》(GB/T 37507—2019)
三、公司企业标准	
1	《中国南方电网有限责任公司基建管理规定》(Q/CSG 213003—2017)
2	《中国南方电网有限责任公司基建质量管理办法》(Q/CSG 213009—2017)
3	《中国南方电网有限责任公司10kV～500kV输变电及配电工程质量验收与评定标准》(Q/CSG 411002—2012)
4	《中国南方电网有限责任公司基建工程质量控制(WHS)标准》(Q/CSG 1202001—2017)
5	《中国南方电网有限责任公司基建达标投产及工程评优管理业务指导书》(Q/CSG 433016—2015)
6	《中国南方电网有限责任公司基建技术管理办法》(Q/CSG 213002—2017)
7	《中国南方电网有限责任公司项目类档案业务指导书》(Q/CSG 441008—2018)
8	《中国南方电网有限责任公司基建工程验收管理办法》(Q/CSG 213005—2017)
9	《中国南方电网有限责任公司基建设计管理办法》(Q/CSG 213006—2017)
10	《中国南方电网有限责任公司基建项目进度管理办法》(Q/CSG 213007—2017)
11	《中国南方电网有限责任公司基建造价管理办法》(Q/CSG 213008—2017)

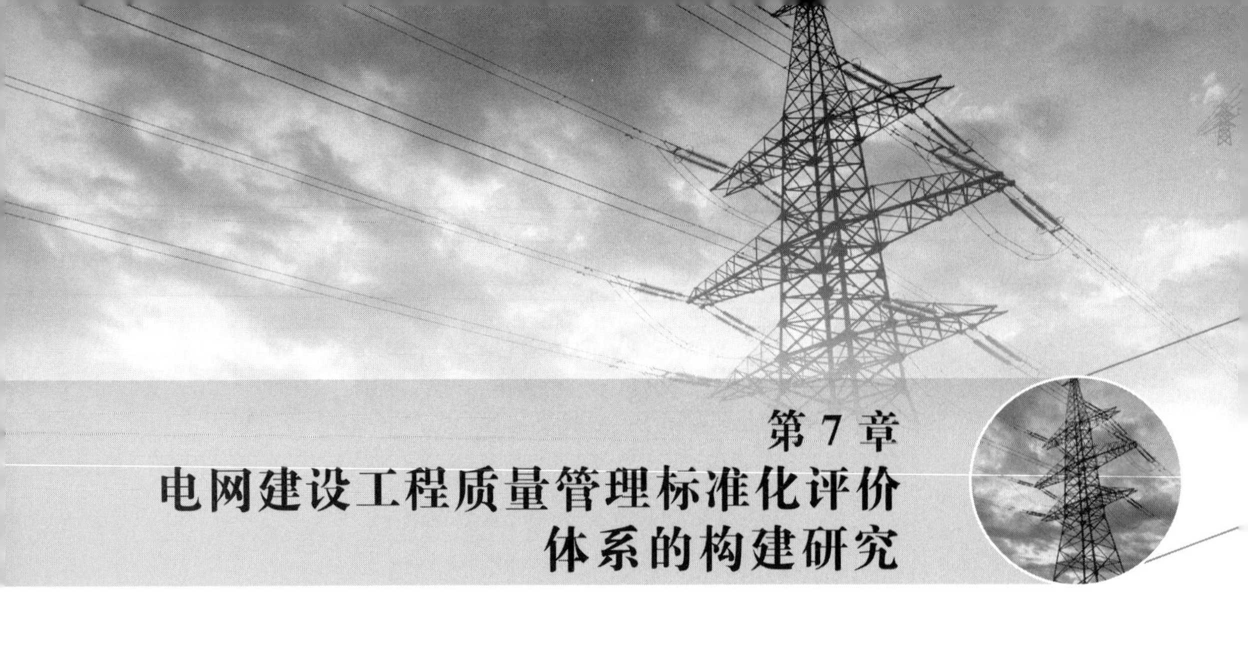

第7章 电网建设工程质量管理标准化评价体系的构建研究

基于电网建设工程中涉及电力企业质量管理和电网建设工程项目质量管理两个层面，本章主要通过对电力企业质量管理、电网建设工程项目质量管理两个层面进行深度融合，构建一套既适用于电力建设企业，又适用于电网建设工程项目的电网建设工程质量管理标准化评价体系。

7.1 电力企业质量管理标准化评价体系的构建研究

7.1.1 企业质量管理的现状

7.1.1.1 企业质量管理的主要做法

1.《质量管理体系　要求》

《质量管理体系　要求》（GB/T 19001—2016/ISO 9001：2015）是由ISO/TC176/SC2质量管理和质量保证技术委员会质量体系分委员会概念与术语分委员会制定制定的质量管理系列标准之一。质量管理体系是组织内部建立的、为实现质量目标所必需的、系统的质量管理模式，它将资源与过程结合，以过程管理方法进行的系统管理，根据企业特点选用若干体系要素加以组合，涵盖了从确定顾客需求、设计研制、生产、检验、销售、交付之前全过程的策划、实施、监控、纠正与改进活动的要求，成为组织内部质量管理工作的操作指南。

（1）质量管理原则。该标准提出了七项质量管理原则：以顾客为关注焦点、领导作用、全员积极参与、过程方法、改进、循证决策、关系管理。

（2）过程方法。以PDCA（Plan——计划；Do——实施；Check——检查；Action——纠偏）循环为核心，将质量管理体系构建和运行划分为10个步骤（图7-1）：

1）范围。

2）规范性引用文件。

3）术语与定义。

4）组织环境。

5）领导作用。

6）策划。

7）支持。

8）运行。

9）绩效评价。

10）改进。其中，步骤4）～10）如图所示。

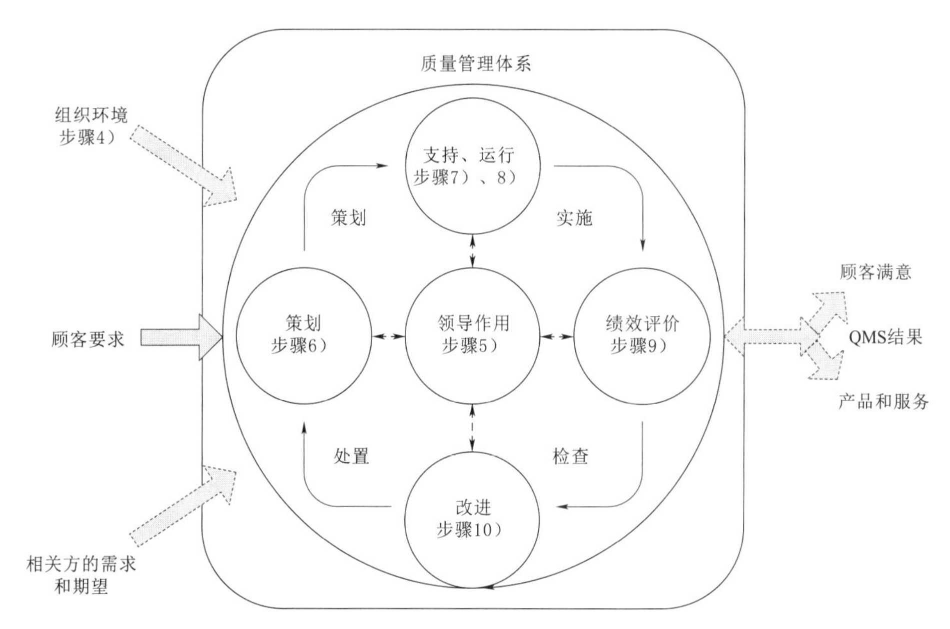

图7-1 本标准的结构在PDCA循环中的展示

2.《工程建设施工企业质量管理规范》（GB/T 50430—2017）

《工程建设施工企业质量管理规范》（GB/T 50430—2017）适用于企业的质量管理活动，是对企业质量管理监督、检查和评价的依据。该规范是企业质量管理的基本规范，以现行国际质量管理标准为原则，针对我国工程建设行业特点，提出了企业的质量管理要求。

该规范将工程建设企业质量管理的具体要求分为12个部分：

(1) 总则。

(2) 术语。

(3) 基本规定。

(4) 组织机构和职责。

(5) 人力资源管理。

(6) 投标及合同管理。

(7) 施工机具与设施管理。

(8) 工程材料、构配件和设备管理。

（9）分包管理。

（10）电网建设工程项目质量管理。

（11）工程质量检查与验收。

（12）质量管理检查、分析、评价与改进。

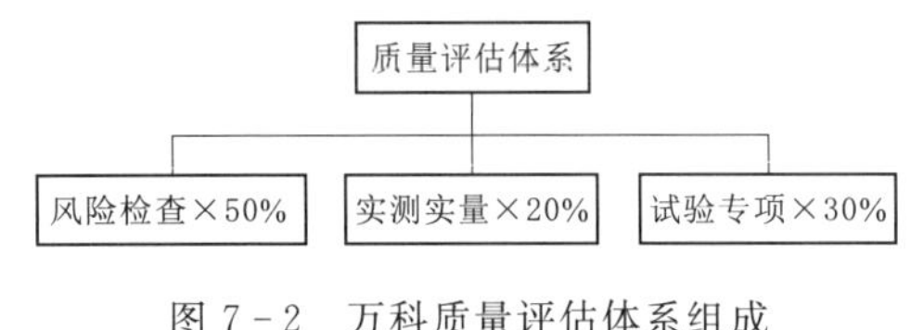

图 7-2　万科质量评估体系组成

3. 万科质量评估体系

为及时发现项目施工过程中的安全及质量风险，促进项目安全及质量建设，降低交付风险系数，从而提升工程品质、提高客户长期居住使用的满意度，借此推动集团项目安全及质量施工管理水平的提升，促进质量往客户关注维度去加强管控，订立了评估管理操作手册。万科质量评估体系运行流程如图 7-2 所示。

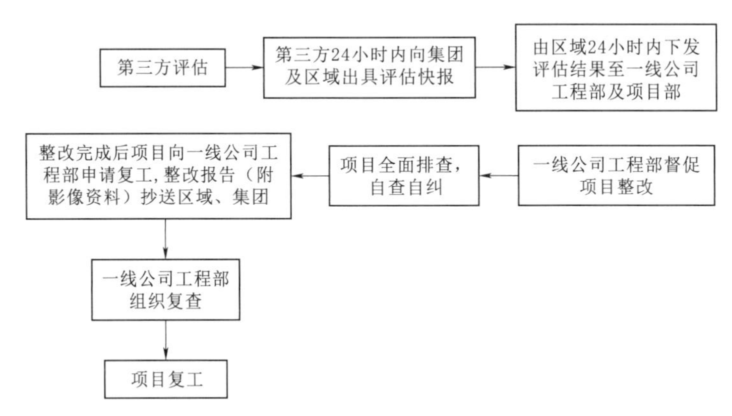

图 7-3　万科质量评估体系运行流程

（1）评价内容组成。

1）风险检查（质量安全、规定动作、工艺节点、成品包保护、采暖工程、安装工程、外墙保暖工程）。

2）实测实量指标（混凝土工程、砌筑工程/隔墙板、装饰工程、户内门工程、门窗工程、墙地砖工程、公共部位）。

3）试验专项检查（土建、精装修）。

（2）质量评估体系考核办法。

红、黄、无牌三级考核机制是指重大风险根据问题严重性质分为红、黄、无牌的三级考核机制：

1）项目触犯红牌项问题，采取立即拉闸整改措施，单标段单次触犯黄牌项问题达 3 个及以上，视为 1 张红牌，采取拉闸整改措施。

2）单标段若涉及 3 张以下黄牌项问题，采取作业面拉闸整改措施。

3）单标段若未涉及红、黄牌项问题，则为无牌，采取整改回复措施即可。

4）对于采取拉闸整改措施的标段，现场必须立刻全面停工整改；项目申请复工，由

一线公司组织复查并经区域复核，方可复工。

针对上一周期标段触犯的红、黄牌项，评估组本次评估进行整改回复情况复核，若存在上一周期标段触犯的红、黄牌项仍未整改闭合情况，则标段本次评估综合分加扣5分。每一次评估结果，针对上期重大风险项进行关闭率统计。万科红、黄牌问题举例见表7-1。

表7-1　　万科红、黄牌问题举例表

问题性质	问　　题
红牌	（1）现场悬臂构件配筋检查与图纸不一致，悬臂构件支撑过早拆除或过早上载，后增补的悬挑结构与主体结构的连接禁止采用后植筋方式，悬挑钢雨棚应采用主体结构预埋件连接，严禁采用膨胀螺栓。 （2）现场承重结构（梁、柱、剪力墙）无设计变更随意开孔开洞且破坏钢筋（开孔、开洞直径≥8cm且出现处数≥3处）。 （3）混凝土结构回弹强度不足符合要求。 （4）顶棚粉刷使用普通砂浆。 （5）外门窗安装存在现场做法与方案不符；普遍存在塞缝成型质量较差。 （6）沉箱式卫生间，箱底未设侧排地漏；厨卫间防水施工与集团、区域节点做法不符；严禁沉箱范围内穿设管道；厨卫间门槛石后贴；卫生间门槛石存在后铺现象
黄牌	（1）主体楼板厚度一个测区内出现2处以上负偏差。 （2）装饰阶段墙、地砖空鼓一个测区内出现4处及以上不合格点。 （3）外墙孔洞（工字钢、拉结点、螺杆孔洞）封堵不到位。 （4）防水基层处理不到位、防水厚度达不到设计要求。 （5）外墙保温粘贴面积、锚钉数量是否满足要求。 （6）外窗塞缝密实度防水施工前存在渗漏现象。 （7）地下室顶板渗漏。 （8）地下室侧墙渗漏。 （9）铝合金下滑防水施工前存在渗漏现象。 （10）装饰阶段裂缝一个测区内出现6处及以上不合格点。 （11）装饰阶段空鼓一个测区内出现5处以上不合格点且不合格点面积超过20cm×20cm

4. 碧桂园工程质量管理检查评分体系

（1）标段工程质量管理评分计算方法。

标段工程质量管理评分组成其包括安全生产管理；基础、结构；防渗漏、防开裂；装修、市政工程；实测实量；标段管理行为扣分共六项，见表7-2。

表7-2　　标段工程质量管理检查评分表

检查项	安全生产管理	基础、结构	防渗漏、防开裂	装修、市政工程	实测实量	标段管理行为扣分
权重比	5	15	30	35	15	
分数						
标段实得分						
标段工程						
质量管理						

1）实体工程质量检查项目分为主控项目和一般项目（包括安全生产管理；基础、结构；防渗漏、防开裂；装修、市政工程；实测实量）：主控项目为该检查项中的重点质量

要求，其扣分以该检查项的可评分总分为上限；一般项目的扣分以该小项的分值为限。

2）通过《施工单位（标段）管理行为检查评分表》检查标段管理行为完成情况。“标段管理行为扣分”作为对施工单位质量管理行为的检查，以标段为单位检查，实行扣分制，其扣分上限为 10 分。

3）实体工程质量得分率计算。

实体工程质量得分率＝检查分项实得分/检查分项可评分

如分项无法抽检，则该分项作缺项处理。

例如：“基础、结构”检查评分表总分 100 分，但因部分分项项目无法抽检，检查项可评分为 80 分，实得分为 72，则本次“基础、结构”检查评分表得分率：72/80＝90％。

4）实测实量评分。

$$实测实量得分率=\frac{实得分}{可评分}$$

实得分采取现场实测实量的检测数据进行各单项实测实量合格率计算，然后按各单项实测实量权重计算单项实测实量实得分，各单项实测实量实得分合计为该次实测实量得分，实测实量总分为 100 分。如因部分工序实测实量无法抽检，则该部分实测实量不作评分。

5）标段工程质量管理检查评分计算

$$标段工程质量管理检查评分=\frac{\sum(可评评分表得分率\times对应权重分)}{可评评分表的权重分之和}\times100-标段管理行为扣分$$

【例】某标段做了“安全生产管理”“基础、结构”“防渗漏、防开裂”“实测实量”评分。其中，“安全生产管理”得分率为 90％；“基础、结构”得分率为 80％；“防渗漏、防开裂”得分率为 70％；“实测实量”得分率为 80％；标段管理行为扣分 4.5 分。则本次标段工程质量管理检查评分为

$$\frac{90\%\times5+80\%\times15+70\%\times30+80\%\times15}{5+15+30+15}\times100-4.5=71.65$$

（2）管理行为检查评分计算方法。

1）项目管理行为检查评分计算方法。

项目管理行为检查评分表采用扣分制，包括三前三后、图纸会审、施工单位管理、装修样板间、场地移交共五项，见表 7－3。

表 7－3　项目管理行为检查评分表

检查项	三前三后	图纸会审	施工单位管理	装修样板间	场地移交
权重比	2	2	2	2	2
实得分					
总分					

2）区域管理行为检查评分计算方法。

区域管理行为检查评分表采用扣分制，包括 1212 质量管理、供方管理、展示区质量管理、交楼区质量管理、质量风险预警管控共五项，见表 7－4。

表 7－4　区域管理行为检查评分表

检查项	1212 质量管理	供方管理	展示区质量管理	交楼区质量管理	质量风险预警管控
权重比	2	1	2	3	2
实得分					
总分					

3）监理资料检查评分计算方法。

监理资料检查包括施工单位报审文件、监理单位文件、质量管理行为记录和安全管理行为记录共四项，见表 7－5。

表 7－5　监理资料检查评分表

检查项	施工单位报审文件	监理单位文件	质量管理行为记录	安全管理行为记录
权重比	14	26	37	23
实得分				
总分				

7.1.2　当前企业质量管理经验与存在问题

7.1.2.1　当前企业质量管理经验

1. 方法

分析以上企业质量管理的主要做法，企业质量管理方法主要包括制定质量管理方针和制度、设立管理机构、制定计划和目标、实施现场质量管理和质量事故统计报告等措施。具体表现为：

（1）企业对项目上报的质量策划、质量计划等进行审批，提出指导及要求。

（2）项目按企业规定时间上报各类报表，掌握项目的质量动态情况。

（3）企业不定期地组织相关部门对项目进行检查，了解项目上报的各类报表与现场质量管理存在的偏差。

2. 经验

基于企业进行质量管理的具体表现，企业质量管理经验（以施工单位为例）如下：

（1）质量策划和质量计划管理。企业下属的每个项目在正式开工前，应按照企业要求编制质量策划和质量计划，并经公司技术负责人审批同意后实施，以便更有效地指导项目质量管理。

（2）施工质量验收计划管理。电网建设工程项目开工前，由企业项目负责人组织编制《施工质量验收及评定项目划分表》，确定质量标准、检验和试验内容。

（3）质量过程控制。项目总工将质量目标、质量保证措施向班组负责人交底或培训。各班组负责人再对各班组成员进行技术交底或培训，在施工过程中监督指导班组对分项工程的自检、互检。施工过程中质检员对施工质量进行监视、测量和记录，并及时填写验评记录、隐蔽验收记录。

（4）质量验收管理。质检员按照项目质量验收计划组织对各分项工程进行质量验收，

形成验评记录。

质量管理工作中难点在于验评记录等各类报表项目上报程序烦琐，公司对项目质量管理追踪时效性较差，造成公司对项目质量的监管在某种程度上失去指导意义。

7.1.2.2　当前企业质量管理存在问题

当前企业质量管理存在的主要问题如下：

（1）无资质或超资质承揽业务。《中华人民共和国建筑法》及其相关法律法规和技术规范、标准的颁布实施，既明确了建筑企业的责任和义务，同时也明确了企业在工程技术、质量管理中的操作程序和规范。但一些企业由于法律意识淡薄，法制观念弱化，在施工活动中违反操作规程，不按图施工，不按顺序施工，技术措施不当，甚至偷工减料，由此造成工程质量低劣，质量事故不断发生。

（2）质量体系不健全，未注意长远发展。目前，我国电力行业中存在部分企业，特别是一些中小型企业，质量保证体系不健全，质量管理制度不落实，以追求短期利益为目标，不注重公司的长远发展战略，在参与电网建设工程项目建设过程中并未建立完善的质量保证体系和质量责任制度，重视成本和进度的控制而忽视质量管理，一旦出现质量问题，很难落实具体责任人，往往给企业带来巨大损失。

（3）遗留问题的处理成效不佳。企业一般针对各个项目专门成立项目部，在项目完成以后，项目部随之撤销，导致许多遗留的工程质量问题无法解决。部分规模较小或暂时挂靠的施工单位，其在建筑市场上的立足时间短，在建筑物后期使用过程中，一旦出现质量问题，相关责任人缺位，后期的保修责任无从落实。项目部模式短期性经济收益大，长期性责任约束力不强，成为电网建设工程质量得不到有效提升的重要原因。

（4）培训制度待完善，劳务工人素质待提高。工程建设是典型的劳动密集型产业，同时由于建设周期长，所涉及的领域面广、专业知识复杂，对质量要求严格，对操作工人的技术和操作水平要求高。目前我国职业工程建设工人仍有缺口，存在工作连续性、稳定性差、专业技能水平差的现象。

（5）转包、甚至非法分包仍个别存在。在民营企业中，允许其他单位借用资质的情况较为普遍。部分挂靠项目，企业派遣专业技术人员协助管理，在一定程度上尚能保证工程质量。但对于大部分挂靠项目，企业仅收取“管理费”，而不参与项目的具体实施过程，此类情况下，工程出现质量问题甚至事故的可能性较大。

（6）不遵守工程技术标准和规范。通过调研发现，在工程实践过程中，部分企业质量责任意识淡薄，忽视有关建设法律法规和工程技术标准的要求，通过擅自修改施工图设计文件，简化施工工艺，使用低劣建筑材料等手段谋取非法利益，严重影响工程质量，施工方案编制粗糙，实用性差，不按设计图纸施工，擅自修改施工设计。

（7）未履行材料检验程序，使建筑材料的质量得不到保证。个别企业偷工减料或使用不合格的施工材料、构配件和设备的现象仍然存在。未按规定对施工材料、构配件、设备和商品混凝土进行检验，未对有要求和涉及结构安全的试块、试件进行取样检验。

（8）质量资料不完善。企业质量资料管理不当的现象较为普遍。原材料、成品、半成品、构配件质量证明文件和进场复试报告不全或验收未按要求进行，特别是抗震设防地区主要受力钢筋未进行“屈强比”计算是最常见的问题；设计文件变更、洽商不符合程序；

工程隐蔽工程记录过于简单，不能真实地反映工程建设的实际情况；质量保证资料事后补、改等问题较多存在。

7.1.3 企业质量管理标准化评价指标体系

7.1.3.1 企业质量管理标准化的结构体系

将企业质量管理分解为管理机构与人员、质量管理行为、质量管理方法措施和实体质量四个子系统，借鉴《质量管理体系　基础和术语》(GB/T 19000/ISO 9000：2015) 和《工程建设施工企业质量管理规范》(GB /T 50430—2017)，从企业质量管理机构与人员标准化、质量管理行为标准化、质量管理方法措施标准化和企业质量管理实体质量标准化四个方面，建立企业质量管理标准化评价的指标体系。

1. 企业质量管理机构与人员标准化

企业质量管理机构与人员标准化的内容可由管理机构的设立、人员职责分工及配备数量和人员持证组成。主要考察企业质量管理机构的设置是否合规、企业资质与管理内容是否对应，企业质量管理人员是否满足岗位要求且职责明确、配置到位，见表 7－6。

表 7－6　企业质量管理管理机构与人员标准化评价体系

二级指标	三级指标
管理机构的设立	1. 管理机构的设立文件 2. 管理机构负责人的授权文件 3. 企业资质
人员职责分工及配备数量	1. 建立工程项目岗位责任制度 2. 人员切实履行岗位职责 3. 管理机构人员配备数量与项目管理需求相适应
人员持证	资格证书

2. 企业质量管理行为标准化

企业质量管理行为内容应以“目标管理，过程控制，阶段考核，持续改进”，即 PDCA 循环的动态管理方式进行工程全过程的质量管理，不断提高质量管理水平见表 7－7。

表 7－7　企业质量管理质量管理行为标准化评价体系

二级指标	三级指标
质量目标	质量目标设置情况
决策质量	1. 项目核准批复文件 2. 项目可行性分析报告 3. 项目行政许可文件 4. 工程质量监督注册 5. 施工图设计文件审查 6. 设计评审计划完成率
招投标质量	1. 招标程序及相关文件 2. 中标通知书 3. 承包商的资质要符合有关规定 4. 承包商实力

续表

二级指标	三级指标
合同质量	1. 依法订立书面合同 2. 合同权责 3. 合同工期 4. 合同预付款、进度款、质保金、结算款条文
造价质量	1. 工程造价控制指标 2. 工程结算按时完成率 3. 工程变更费用占预备费比例 4. 工程费用及进度受控项目比例 5. 合同预付款、进度款、质保金、结算款管理
培训质量	培训记录
质量检查	质量检查记录
质量改进	1. 质量整改 2. 质量会议
档案质量	档案资料
质量标准	1. 质量标准清单 2. 质量标准应用
进度质量	1. 工程进度计划完成率 2. 工程开工计划完成率 3. 工程投产计划完成率 4. 工程竣工验收计划完成率
设备材料质量	1. 甲方提供的建筑材料、构配件和设备质量 2. 到货进度
项目管理行为质量	根据项目质量管理标准化评价得分确定

3. 企业质量管理方法措施标准化

企业质量管理首先应建立健全的质量管理制度和质量管理体系，采取一系列措施来保证质量管理体系的正常运行，再采用合理、科学的施工质量检验方法进行企业质量自检，同时引入质量管理信息技术，提高企业质量管理信息化水平，见表 7-8。

表 7-8　企业质量管理方法措施标准化评价体系

质量责任追溯制度	建立工程质量责任追溯制度
信息化应用	1. 资产信息系统应用 2. BIM 技术 3. 智慧工地 4. 大数据 5. 云计算 6. 物联网 7. 其他信息系统
质量管理体系建设	1. 质量管理体系 2. 检查整改制度 3. 应督促施工单位建立质量管控体系

续表

质量责任追溯制度	建立工程质量责任追溯制度
经济激励措施	1. 项目质量管理绩效考核制度 2. 工程支付 3. 奖罚措施
其他制度建设	项目管理相关制度

4. 企业质量管理实体质量标准化

企业作为工程质量形成阶段的控制主体，通过质量管理自查与评价，对自身工程质量进行控制和监督。目标是达到工程合同中约定的质量目标，使企业质量管理高效、有序，同时对达标、不达标的项目进行奖励和惩罚；质量投诉和事故处理、质量奖项和"五新"应用也应作为衡量企业质量管理效果的指标之一，见表 7-9。

表 7-9　　企业质量管理实体质量标准化评价体系

质量目标完成情况	质量目标完成情况
运行质量	运行质量
质量事故事件	质量事故
	质量事件
质量奖项	国家级、省部级奖项
其他奖项	专利、QC、工法
"五新"应用	新材料、新工艺、新设备应用等
项目实体质量	根据项目实体质量评价得分确定

7.1.3.2 企业质量管理标准化的评价指标体系

1. 评价指标体系的评价方法

（1）指标评分法。将四个二级指标（管理机构与人员、质量管理行为、质量管理方法措施和实体质量标准化）设定满分 100 分，通过扣分方法进行评分，其中部分指标设置加分项。每个二级指标划分为若干个三级指标，以具有详细考核标准的三级指标作为最终评分项。根据三级指标的考核标准，按照企业的实际完成情况进行相应扣分或加分，扣分、加分后总评分不得超过 100 分。

（2）权重确定法。四个二级指标权重分配依次为 W_1、W_2、W_3、W_4，总和为 1。二级指标下属的若干个三级指标按照该指标重要性进行分值权重分配。三级指标评分汇总至二级指标，二级指标评分汇总至一级指标并计算得分 Z。评价等级根据一级指标得分 Z 而评定。二级指标的权重分配及最终得分统计表，见表 7-10。

表 7-10　　二级指标的权重分配及最终得分统计表

二级指标	管理机构与人员标准化	质量管理行为标准化	质量管理方法措施标准化	实体质量标准化
权重分配 W	$W_1=0.20$	$W_2=0.30$	$W_3=0.30$	$W_4=0.20$
二级指标得分 P	P_1	P_2	P_3	P_4
一级指标得分 $Z=W_1\times P_1+W_2\times P_2+W_3\times P_3+W_4\times P_4$（其中 $W_1+W_2+W_3+W_4=1$）				

2. 标准化评价指标体系的建立

所构建的企业质量管理标准化评价体系由四个模块组成，即企业质量管理的管理机构与人员标准化评价指标、质量管理行为标准化评价指标、质量管理方法措施标准化评价指标和实体质量标准化评价指标，分解为一级、二级、三级指标。

7.1.4　企业质量管理标准化评价工作机制

7.1.4.1　企业质量管理标准化评价的主体和对象

1. 评价主体

企业电网建设工程质量管理标准化的形成和运作，必然要求有从事标准化评价管理的机构，统管企业质量管理评价工作，成立企业质量管理评价机构，对企业的质量管理水平进行评价。

企业质量管理标准化评价的主体包括：

(1) 企业自身（企业采用自检的方式）。

(2) 上级总公司（总公司对分公司的评价）。

(3) 建设管理单位（建设管理单位对参建企业的评价）。

2. 评价对象

企业质量管理标准化评价的对象包括：

(1) 企业采用自检的方式时，对象是企业本身。

(2) 企业总公司对分公司评价时，对象是下一级分公司。

(3) 建设管理单位对企业评价时，对象是各参建企业。

因企业质量管理标准化评价需以企业项目为支撑，项目抽检要求如下：

1) 基于企业发包或承接的项目类型，各类型在建项目不少于1项，进度应为80%及以上，其中还应随机抽取近两年已竣工项目1项；

2) 基于企业发包或承接的项目电压等级，同类型项目原则上以电压等级高的项目优先检查。

7.1.4.2　企业质量管理标准化评价的流程

企业质量管理标准化评价分为准备工作、实施评价、结果反馈三个阶段。

(1) 准备工作主要包括确定评价计划，确定评价小组成员，确定评价时间，评价前文件准备。

(2) 实施评价阶段主要工作内容为资料审查，现场检查，评分与评级。

(3) 结果反馈阶段需要进行评价报告编制并指导质量管理改进。

企业质量管理标准化评价工作流程如图7-4所示。

7.1.4.3　企业质量管理标准化评价的信息采集机制

1. 质量信息内容

依据《工程建设企业质量管理规范》“质量信息是指从各个渠道获得的与质量管理有关的信息”。企业应明确质量信息的范围、来源及其媒体形式，确定质量信息的管理手段，规定企业各层次的部门岗位在质量信息管理中的职责和权限。

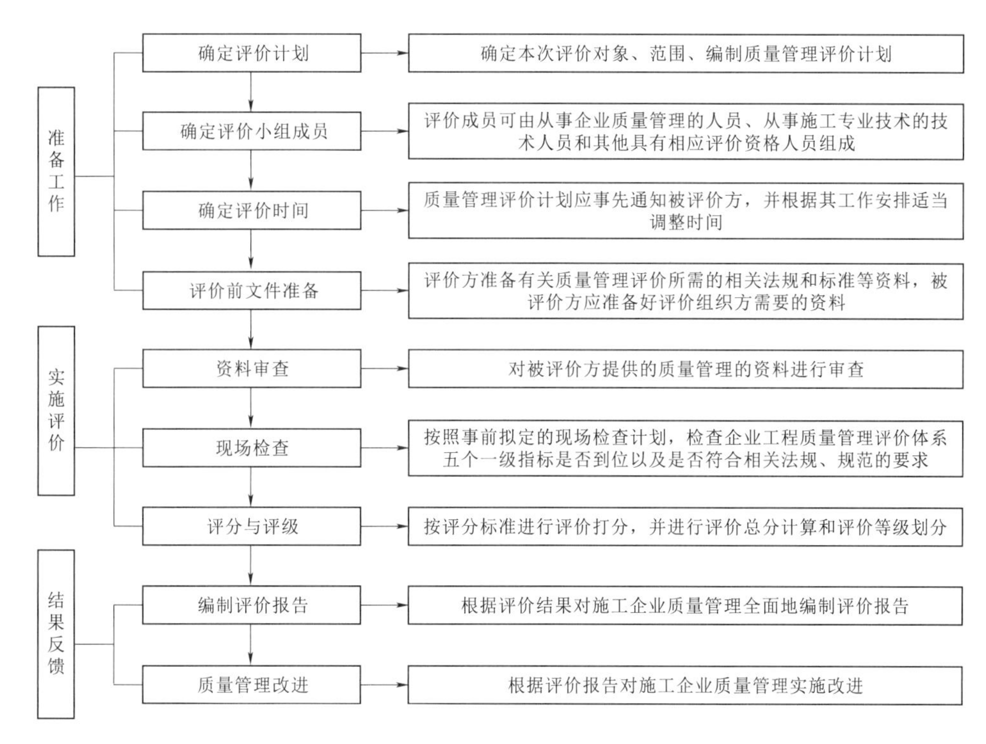

图 7-4　企业质量管理标准化评价工作流程

2. 质量信息采集分工

依据《工程建设企业质量管理规范》质量信息主要来自以下途径：

（1）各种形式的工作检查，包括外部的检查、审核等。

（2）各项工作报告及工作建议。

（3）业绩考核结果。

（4）各类专项报表等。

通过分析质量信息的来源，结合评价体系各级评价指标及其评分内容，企业可确定质量信息的主要内容，质量管理评价所需质量信息、提供相应信息的主体，见表 7-11。

表 7-11　　企业质量管理标准化评价资料收集要求（以施工企业为例）

序号	资　料　名　称
1	企业资质证明，企业质量管理人员、专职质量人员资质证明档案
2	工程质量管理机构组织架构图与运行记录
3	分包单位资质证明，分包单位质量管理人员、专职质量人员资质证明档案，分包施工现场质量控制要求文件
4	工程材料、构配件、设备供应单位资质证明档案及其质量控制要求文件，供应单位业绩证明和信用记录
5	施工组织设计方案及其审批制度文件、审批记录、动态管理台账
6	新技术推广计划、科技成果和科技示范工程验收记录及其台账

续表

序号	资 料 名 称
7	工程技术规范、标准和规程管理制度文件和管理台账
8	工程测量、检测与试验设备管理制度文件与检查记录
9	工程技术资料管理制度文件及检查记录
10	工程质量管理年度工作计划和创优滚动计划
11	工程质量策划书及其审批记录
12	工程质量信息报送系统运行记录，质量检查、复查记录及审核记录，质量检查通报记录
13	工程质量满意度调查反馈及改进措施报告
14	工程质量投诉管理制度文件、台账、反馈记录
15	工程质量售后服务制度文件、计划与管理台账
16	工程质量策划制度文件、报批记录、管理台账
17	工程质量检查制度文件、检查记录
18	工程质量内部预验收制度文件
19	工程质量事故报告处理制度文件、工程质量事故调查报告、工程质量事故档案
20	工程质量管理评价制度文件、评价结果报告
21	质量管理统计报告制度文件、季度和年度质量管理统计报告
22	施工质量定期检查记录、施工质量管理改进与创新档案
23	检验批、分项工程、分部工程验收计划及其审批文件，施工质量内部验收计划，预验收记录
24	施工质量问题处理结果报告
25	质量通病预防措施文件、质量通病处理分析报告
26	设备采购或租赁记录、检测设备验收记录
27	质量管理决策体系文件、质量管理组织架构图、质量管理活动监督检查记录
28	质量管理保证体系文件，及其学习、运行记录，分包方施工技术文件审核记录
29	质量管理监督体系文件，质量管理体系实施年度审核记录、评价报告
30	质量管理体系认证申请文件、审核合格证明、定期内部审核报告
31	质量信息保存记录、质量管理信息数据库平台架构图、质量信息分析报告
32	工程质量管理信息系统使用记录、工程材料、现场试件检查记录
33	年度质量目标计划书与季度质量目标计划书
34	各级工程质量获奖证明、创优计划审批文件
35	重大工程质量问题投诉记录、行政处罚记录，奖罚制度执行记录
36	分包单位评价考核记录

3. 企业质量管理标准化评价结果确定

根据综合考核分数的高低，将评价结果分为“AAAAA”“AAAA”“AAA”“AA”“A”5 个等级。质量管理标准化评价等级划分，见表 7 - 12。评价等级含义见表 7 - 13。

表 7-12　　质量管理标准化评价等级划分表

评价等级	AAAAA	AAAA	AAA	AA	A
综合考核得分 Z	Z≥95	90≤Z<95	80≤Z<90	70≤Z<80	60≤Z<70

注　1. 综合考核得分低于 60 分不给予评级。

2. 每有一个一级指标低于 60 分，等级下调一个级别，最低不给予评级。

3. 每发生一起造成严重社会负面影响的质量事故或投诉事件，且电网建设工程项目层面的质量管理工作存在明显过失，最低不给予评级。

表 7-13　　评价等级含义

AAAAA	质量管理标准化的各个方面均处于卓越领先水平
AAAA	质量管理标准化的各方面达到先进水平，均有形成先进经验的做法
AAA	质量管理标准化的各方面均处于较高水平，但也存在个别问题
AA	质量管理标准化的各方面达到平均水平，但也存在少量问题
A	质量管理标准化的各方面处于一般水平，基本满足要求，但问题也较多

7.1.5　企业质量管理标准化评价结果运用建议

7.1.5.1　公司企业管理运用

1. 掌握企业质量管理状况

全面了解企业在工程质量管理制度、资质人员管理、工程技术质量管理、工程质量过程管理、工程质量管理效果等方面的管理现状；掌握各职能部门在质量管理工作方面的职责落实情况。

2. 质量管理水平划分

从公司总部到各业主项目部，均可作为企业质量管理标准化的评价对象，运用同一套评价标准，可以客观地对公司各层级的质量管理水平进行评价和划分，形成质量管理水平排序，作为公司各层级综合考评的参考条件。

3. 质量管理提升指引

应用统一的评价标准，能够有效地让各分子公司、业主项目部认识到与公司内部同一层级优秀质量管理组织的差距。同时，还能根据各项指标的评分，明晰形成差距的具体原因，有助于企业检查、分析人员、制度、质量管理流程、质量管理方法等方面存在的问题，为企业采取相应的质量控制措施提供有针对性的参考，有效避免工程质量管理问题给企业造成损失。

4. 统一质量管理评价表单

开展质量管理标准化评价，建立一套完善的质量管理评价体系，推广应用评价结果，将能有效地避免各层级对质量管理评价重点、标准不统一的情况，通过质量管理标准化评价实现评价标准化，进而减少不必要的评价表单，为基层减负。

5. 管理激励

对于获评 AAAAA 级的单位、组织，可以考虑给予专项激励；对于获得其他级别的单位、组织，可以设置相应的年度绩效加分。同时，企业质量管理标准化评价指标可适度向“五新”技术应用、科技进步奖等创新型项目倾斜，以实际的激励和指标的指引带动公司各级积极参与质量管理标准化评价、释放质量创新活力。

6. 总结提升

总结企业在质量管理过程中采取的有效的管理措施，归纳有效的管理方法、管理模式和管理制度等，汇总成文字报告并推广。通过对以往优秀质量管理经验的吸收、利用和改进，持续提高整个企业的质量管理水平。

7.1.5.2　参建企业运用

1. 纳入承包商评价

公司承包商应用统一标准评估质量管理标准化水平，纳入承包商评价，将能更加科学、综合、有效地区分承包商的优劣。淘汰一批不满足质量管理要求的企业进网作业，降低管理风险。

2. 招投标运用

企业质量管理标准化评价结果可作为商务评分中的一个加分项，应用在公司基建项目、质量管理及评价咨询项目的招投标管理工作中，作为一项统一的标准用以衡量投标企业的质量管理水平，进而在招标项目中对于质量管理优秀企业给予降低评标价的实际收益。

3. 参建企业需求导向

在公司基建项目中推广应用企业质量管理标准化评价结果，将能引导参建企业参与质量管理标准化评价，公司就能通过调整指标的权重，向参建企业展示公司的需求方向，促进参建企业的开展管理提升工作。

4. 规范责任主体的质量管理行为

（1）建立基于评价结果的显性激励机制，将评价结果与参见各单位的报酬挂钩。

（2）建立基于评价结果的隐形激励机制，将评价结果与参见各单位的荣誉、资质挂钩。有效激励责任主体的质量管理行为，促进建筑业建立持续改进的氛围，不断提升质量管理水平。

7.2　电网建设工程项目质量管理标准化评价体系的构建研究

7.2.1　电网建设工程项目质量管理标准化评价体系的划分

电网建设工程项目质量评价体系可划分为实体质量评价体系和行为质量评价体系，包括过程质量评价体系、功能质量评价体系和项目各方主体行为质量评价体系三部分，如图7-5所示。

工程行为质量标准化是依据《建筑法》《电力建设工程质量管理条例》（国务院令第279号）等现行法律、法规和有关文件，按照“体系健全、制度完备、责任明确”的要求，对电网建设工程相关企业和企业现场项目经理部应该承担的质量责任和义务等方面作出程序化要求，包括建设单位行为质量标准化、施工单位行为质量标准化和其他主体行为质量标准化等。

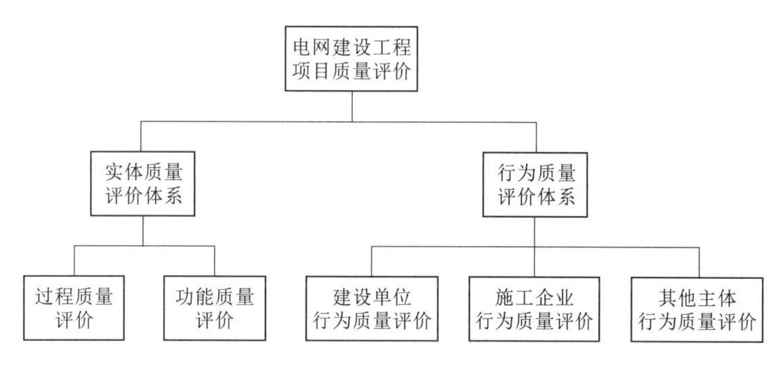

图 7－5　电网建设工程项目质量评价体系

工程实体质量标准化是依据《电力建设施工质量验收及评价规程》等现行工程建设技术标准、规范，按照“质量标准样板化、方案交底可视化、操作过程精细化”的要求，从建筑材料、构配件和设备进场质量控制到施工工序控制及质量验收控制的全过程，对地基基础、主体结构、装饰装修、安装等分部工程中主要分项工程或关键工序的具体做法以及管理要求等方面作出程序化要求，包括过程质量标准化和功能质量标准化。

工程实体质量评价包括过程质量评价和功能质量评价。过程质量评价是指将电网建设工程看作为一个流程组成的过程，即由分部工程、分项工程、检验批等流程构成。每一个流程的加工过程应满足国家质量标准要求的能力，对这种能力的评价即为过程质量评价。

功能质量评价指标体系主要用于衡量建筑性能满足居住者的使用要求的程度，从适用性能、环境性能、经济性能、安全性能和耐久性能五个方面进行评价。

7.2.2　现状与存在问题

7.2.2.1　公司电网建设工程项目质量管理主要文件

1.《输变电工程实体质量评价标准》

根据《输变电工程实体质量评价标准》，输变电工程质量评价分为总体工程质量评价、整体工程质量评价、单项工程质量评价、工程部位（范围）质量评价。

变电（开关）站、换流站整体工程质量评价分为建筑工程、电气安装工程、性能指标、工程综合管理与档案、工程获奖五个单项。

变电（开关）站、换流站建筑单项工程质量评价，分为桩基、地基及结构工程；屋面、装饰装修工程；给排水采暖、通风与空调及电梯安装工程；建筑电气及智能建筑工程四个工程部位（范围）。

变电（开关）站和换流站电气安装单项工程质量评价，分为高压电气装置、保护控制与低压电气装置、其他电气装置三个工程部位（范围）。

输电线路整体工程质量评价分为站间线路（标段）工程、工程综合管理与档案、工程获奖三个单项。

线路（标段）单项工程质量评价，分为土石方与基础工程、杆塔工程、架线工程、接地工程、线路防护工程五个工程部位（范围）。

同期核准建设的一个或多个变电（开关）站、换流站和一条或多条站间线路的输变电一体工程，各站和各站间线路工程应分别独立进行质量评价，分别形成整体工程质量评价报告；由若干站和站间线路独立的整体报告组成输变电一体总体工程质量评价报告。

再对每个分部根据其在单位工程中工作量大小及重要程度分别给出权重，见表 7－14、表 7－15。

表 7－14　　变电（开关）站、换流站整体工程质量评价单项权重值

序　号	单　项　名　称	权　重　值
1	建筑工程	25
2	电气安装工程	40
3	性能指标	20
4	工程综合管理与档案	10
5	工程获奖	5
合　　计		100

表 7－15　　输电线路整体工程质量评价单项权重值

序　号	单　项　名　称	权　重　值
1	多个站间线路（标段）工程	85
2	工程综合管理与档案	10
3	工程获奖	5
合　　计		100

各工程部位（范围）的评价项目权重值分别按表 7－16、表 7－17 所示进行分配。

表 7－16　　变电（开关）站、换流站单项工程质量评价项目权重值分配表

序号	评价项目	建筑单项工程					电气安装单项工程	
		桩基、地基及结构	屋面、装饰装修	给排水采暖、通风与空调及电梯	建筑电气及智能建筑	高压电气装置	保护、控制及低压电气装置	其他电气装置
1	性能检测	30	25	25	25	35	30	25
2	质量记录	30	25	25	25	20	20	20
3	尺寸偏差及限值实测	20	25	25	25	25	25	20
4	强制性条文执行情况	10	10	10	10	10	10	10
5	观感质量	10	15	15	15	10	15	25
合　　计		100	100	100	100	100	100	100
工程部位（范围）权重值		40	30	15	15	45	35	20

表 7-17 输电线路单项工程质量评价项目权重值分配表

序号	评价项目	土石方与基础工程	杆塔工程	架线工程	接地工程	线路防护工程
1	性能检测	35	30	30	30	20
2	质量记录	25	20	25	25	25
3	尺寸偏差及限值实测	20	25	20	20	25
4	强制性条文执行情况	10	10	10	10	10
5	观感质量	10	15	15	15	20
合计		100	100	100	100	100
工程部位（范围）权重值		25	30	25	10	10

根据以上所述，先分别求出各部分工程的得分，再按各部分工程的权重，计算总工程的加权得分，以最终的得分进行评定。

2. 中国南方电网有限责任公司基建工程质量控制（WHS）标准

按照现场管控的对象、环节以及影响工程质量的重要程度，将质量控制点划分为见证点（W）、停工待检点（H）、旁站点（S）。

（1）满足以下条件之一的设置为见证点（W）：

1）涉及结构安全的试块试件、主要工程材料及构配件的现场取样、封样、送样环节。

2）涉及重要现场试验检验环节。

3）涉及结构实体安全的现场检测、试验环节。

4）对实体质量有重要影响的施工工序。

（2）同时满足以下两个条件的设置为停工待检点（H）：

1）两道紧邻的施工工序存在时间上的先后关系。

2）上道工序施工质量直接影响和决定下道工序的施工质量，且下道工序一旦施工，无法对上道工序进行重新检验，也难以对其中的不合格项进行处置。

（3）同时满足以下两个条件的设置为旁站点（S）：

1）涉及工程关键工序或关键部位的施工环节。

2）需监理人员在施工现场对作业全过程进行监督、检查。

共设置 WHS 质量控制点 113 个，其中 W 点 80 个、H 点 19 个、S 点 14 个，详见表 7-18。

表 7-18 WHS 质量控制点设置表

序号	专业	W 点数目	H 点数目	S 点数目	小计
1	架空线路工程	3	4	3	10
2	电缆线路工程	2	4	1	7
3	变电电气交流工程	12	1	1	14
4	变电电气直流工程	10	2	4	16
5	变电土建工程	40	3	2	45
6	变电继电保护工程	1	0	0	1

续表

序号	专　业	W 点数目	H 点数目	S 点数目	小计
7	变电自动化工程	1	0	0	1
8	通信工程	5	0	0	5
9	配网工程	5	5	3	13
10	物资开箱检查	1	0	0	1
合　计		80	19	14	113

7.2.2.2 当前电网建设工程项目质量管理的存在问题

1. 质量管理标准化与贯标的存在问题

ISO 9000 质量管理体系是关于质量管理体系的族标准的统称，它是由国际标准化组织（ISO）下面的质量管理和质量保证技术委员会制定并颁布的，它也是目前在我国电力行业普遍实行的质量保证体系。电力企业质量管理标准化与贯标的目标都是为了保证工程质量，提高客户满意度，但是也有很多不同之处。标准化是从管理角度，贯标是从技术角度；标准化由企业发起，从中观角度，涉及各个参与主体，贯标是从企业内部，微观角度。在贯标过程中也存在一些问题：

（1）存在个别形式主义现象。个别企业未根据企业自身的特点编制质量手册；质量手册缺少企业特色；特定工序未具体化；与程序性文件结合不紧密等。

（2）支撑性文件不足。只有部分程序文件，大多为企业内部制度，缺乏技术性程序文件，质量文件欠缺配套标准。

（3）质量体系运作衔接不畅。因为环节之间有互补性，质量体系中只有几个环节运转或者各个环节运转不平衡，导致质量体系运转成效不佳。

（4）ISO 9000 质量管理体系与传统管理方式融合不足，个别企业对贯标存在一定的抵触情绪，导致个别质量管理体系文件可操作性较弱。

（5）ISO 9000 质量管理体系作为市场准入条件之一，个别企业为进入市场而贯标，贯标主动性和体系应用积极性不足。

2. 电网建设工程项目参建单位质量管理存在问题

（1）建设单位的工程质量行为要求及主要问题。

1）依据《建设单位项目负责人质量安全责任八项规定（试行）》等法律法规，将建设单位的工程质量行为要求进一步归纳如下：

a. 不得违法发包、盲目压低造价、盲目压缩工期。

b. 向勘察、设计、施工、监理单位提供资料应真实、准确、齐全。

c. 工程安全生产措施费和工伤保险费用应单独列支。

d. 按国家规定办理施工图设计文件审查手续，确保规范、科学。

e. 按国家规定办理施工许可、质量监督、安全监督等手续。

f. 不得以任何方式（包括要求检测单位出具虚假报告、要求使用不合格或不符合设计要求的建筑材料设备构配件）要求勘察、设计、施工、监理等单位降低工程质量。

g. 按法律法规规定要求组织竣工验收。

h. 组织建设档案管理和移交。

2）目前，建设单位的质量行为存在的主要问题如下：

a. 建设单位在招投标阶段对勘察、设计单位盲目压价或在施工阶段压缩工期，引发设计、施工单位简化工作程序或内容。

b. 建设单位违背基本建设程序，先开工后补办手续。

c. 当工程建设发生变更时，未重新审核。

d. 建设单位在实际验收时，将不合格的工程按合格验收，或将验收不合格的工程擅自交付使用等。

（2）设计单位的工程质量行为要求及主要问题。

1）依据《建筑工程设计单位项目负责人质量安全责任七项规定（试行）》等法律法规，将设计单位的工程质量行为要求进一步归纳如下：

a. 在资质等级范围内承揽业务，不得围标、串标、转包、借用他人资质或有其他弄虚作假行为。

b. 确保设计工作过程的合法合规性、规范性、严谨性，及设计服务的质量。

c. 确保设计文件内容的完整性、细致性，及对施工作业的指导性。

d. 确保设计单位内部各专业设计、校核、审核、审定等过程的完整性、规范性。

e. 设计文件签章齐全。

f. 按规定程序进行设计变更。

2）目前，我国设计单位存在的质量行为问题主要表现如下：

a. 执行设计规范不严谨或违反强制性标准，设计中考虑不周全或存在漏项。

b. 部分单位的设计人员对规范和计算程序的要求不熟悉，甚至导致一些概念错误，忽视一些细部构造和要求。

c. 部分设计文件参数提供、设计依据不齐全，存在图纸制图表达不够规范、施工图设计深度不够、选用作废版本图集等问题。

（3）施工单位的工程质量行为要求及主要问题。

1）依据《建筑施工项目经理质量安全责任十项规定（试行）》等法律法规，将施工单位的工程质量行为要求进一步归纳如下：

a. 在资质等级范围内承揽业务，不得围标、串标、转包、借用他人资质或有其他弄虚作假行为。

b. 落实项目经理负责制，合同约定的项目经理应在岗。

c. 建立工程项目的质量安全管理体系，配备专职的质量管理人员，落实质量安全责任制、质量安全管理规章制度和操作规程。

d. 按设计图纸和技术标准组织施工，按规定编制施工组织设计、专项施工方案。

e. 不得偷工减料。

f. 对进场建筑材料、设备、构配件、预拌混凝土等进行检验，确保材料设备构配件质量。

g. 做好隐蔽工程验收。

h. 建立工程质量安全检查制度、隐患消除制度。

i. 建立质量安全教育制度。

j. 建立应急管理制度，按规定报告质量安全事故。

2）施工单位是承担施工任务的单位，是工程质量形成的直接责任主体，是工程质量管理的核心主体。但当前施工单位的质量行为管理仍存在较多问题，主要表现如下：

a. 无资质或超资质承揽业务，转包和违法分包仍存在，部分挂靠项目中企业仅收取“管理费”，而不参与项目的具体实施过程。

b. 在工程项目建设过程中并未建立完善的施工质量保证体系和质量责任制度，重视成本和进度的控制，简化施工工艺或采用低劣建筑材料，忽视质量管理。

c. 违反工程技术标准和规范，或不按设计图纸施工，擅自修改施工设计。

d. 未按规定对建筑材料、建筑构配件、设备和商品混凝土进行检验，未对有要求和涉及结构安全的试块、试件进行取样检验。

e. 部分工程质量记录过于简单，不能真实地反映实际情况，质量保证资料存在事后补改等现象。

f. 电网建设从业人员整体素质待提高。由于缺乏基本的操作技能和质量意识造成质量安全事故频发，甚至有些农民工受包工头的利益驱动，偷工减料，片面追求工程进度，从而酿成较大的工程质量事故。

g. 人员流失严重，专业水平难以保证。电网施工企业在逐步向施工管理型企业转变的大趋势下，绝大部分现场技能岗位和现场管理岗位已由外聘劳务工承担。但近年来劳务工的聘任情况不容乐观，个别参建单位人员流失非常严重，且劳务工的补充越来越难。作为劳动密集型行业，专业技术人员在电网建设工程建设中居于非常重要的地位，他们是电力建设企业中最富创造力的群体，他们具有专业的理论知识和丰富的实践经验，在电力施工管理中承担着重要的责任，是企业发展的中坚力量。近年来国有电力施工企业专业技术人员流失严重，人才流失不仅给企业的人力资源管理工作带来很多难题，也给企业质量管理、技术创新、企业提升带来很大的压力。电网建设工程建设项目现场作业和管理人员流动性大，人员的技能水平很难得到有效保证，直接导致工程建设质量管理困难。

h. 工程管理人才不足，人才结构失调。由于历史原因，目前管理人才队伍呈现严重的结构性短缺和结构性失衡，管理人才的制度不适应新形势要求。其主要表现在层次结构、专业结构、年龄结构、能力结构、素质结构的不合理。目前，企业内部决策层主要来源于上级机关下派，此类人员政治素质过硬、组织能力强，但缺乏工程建设专业知识；来自基层的人员有实干精神，工作任劳任怨、群众威信高，但缺乏高层次的管理知识。部分项目管理人员缺乏足够的质量意识、管理经验，施工操作人员技能不足、责任心不强，极易造成质量问题和返工的发生。

i. 施工设备和技术管理落后。施工单位在电网建设工程建设过程中选用的施工机具性能和作业方法未能满足相关工艺的质量要求，施工中出现设备故障、设备计量不准确或施工作业技术不当造成的质量问题和质量缺陷，容易造成工程质量风险。其原因在于以下两个方面：

(a) 设备陈旧。长期以来，施工企业习惯于粗放式经营，偏重铺摊子、上新项目，搞低水平重复建设，科技开发投入较少，忽视技术改造和设备的更新换代，造成设备陈旧，技术落后，科技含量低的局面。

（b）技术管理水平落后。施工企业技术管理问题主要表现在：①缺乏鼓励科技创新的政策和措施，科学研究和技术革新的资金投入不足；②经营管理理念和水平较差，很少应用先进的经营管理手段，信息管理技术在工程中应用还不够充分；③对于建筑法律、法规、专业技术标准以及相关配套技术文件的条文缺乏准确理解，设计、施工过程中随意性较强，给质量安全埋下隐患。

j. 施工方法与技术不当。在工程施工的关键点、难点、特殊质量要求的部位以及特殊施工条件下，如果采用的施工方法不合理或创新性施工技术方案不完善均有可能造成不同程度的质量问题。

此外，施工人员选用建筑材料未能满足设计和有关规范规定的质量要求；材料采购过程中存在假冒伪劣产品，致使材料规格、品种、性能指标不合格；材料进场验收、试验工作存在管理漏洞或失误，造成不合格产品在工程中使用，从而导致工程质量问题出现。

k. 特种作业人员管理不到位。科学的管理对加强特种作业人员的安全意识与责任意识，增强其施工技能，提高作业水平与管理效果等均具有重要作用。现阶段大多数电网建设工程特种作业人员管理工作仍存在不少问题，管理力度不足，管理效果不佳，亟须进一步改进和革新策略，以增强特种作业人员管理工作的有效性，保证电网建设工程施工特种作业人员施工活动的顺利开展。

（4）监理单位的工程质量行为要求及主要问题。

1）依据《建筑工程项目总监理工程师质量安全责任六项规定（试行）》等法律法规，将监理单位的工程质量行为要求进一步归纳如下：

a. 在资质等级范围内承揽业务，不得围标、串标、转包、借用他人资质或有其他弄虚作假行为。

b. 落实项目总监负责制，合同约定的项目总监应在岗。

c. 配备具有相应资格的监理人员进驻项目现场。

d. 审查施工单位提交的施工组织设计或专项施工方案，并监督其实施。

e. 审查分包单位资格，督促劳务人员持证上岗。

f. 监督施工单位分包行为，发现施工单位转包或违法分包的，及时向建设单位和有关主管部门报告。

g. 采取旁站、巡视、平行检验等方法实施工程监理。

h. 按规定对施工单位报审的建筑材料、设备和构配件进行检查。

i. 发现施工单位不按设计文件施工、违反工程建设强制性标准施工或者发生质量事故的，按监理规范规定及时签发工程暂停令。

j. 审查施工单位的竣工申请，参加建设单位组织的竣工验收。

2）监理单位是工程质量管理中的重要咨询服务单位，是协助建设单位实行质量管理的重要力量，但其管理目前仍存在较多问题：

a. 监理人员素质高低不齐，且流动性大，持注册监理工程师证的监理人员上岗率低。

b. 监理规划、监理细则没有针对性，工作流于形式，只是照搬监理规范的内容，而不是针对具体工程，可操作性差。

c. 在见证取样检测过程中，监理人员对见证取样监管不到位，为处理好各方关系，未遵守规范抽样等。

（5）其他主要存在问题。

1）设计深度不足，错误频出，变更不断。在工程实施过程中，如设计图纸节点有遗漏、剖面图与平面图图纸不符、各专业施工图纸因缺乏沟通造成设计冲突，甚至违反强制性标准等问题未能杜绝。这些问题均会造成设计变更，贯穿整个施工过程，导致工作量加大，甚至出现返工，影响工程质量。

2）重视事后的整改，轻视事前和事中控制。个别业主方没有树立事前控制的意识，往往是在施工后才进行补救，不但影响的工程质量，而且也导致工程成本的增加。例如，由于未考虑电气、土建专业之间的影响，而产生管道井盖的标高预留的问题，影响工程的质量和进度。

3）重视对结果验收，而对成品保护比较忽视。成品保护意识不强，仅进行程序性的验收。如在设备基础的质量控制中，当经过业主和各方验收之后，未对后续施工人员进行工序交接，导致设备基础在后续施工过程中被破坏。责任界面不明确，管理难度加大，质量问题凸显。

4）业主方质量管理体系不健全，对各个参与方在质量管理活动中的质量责任不明确。

a. 业主方内部质量管理存在漏洞，相关质量管理人员没有认真履行职责。

b. 对其他各个参与方监管不严，例如对于监理方的审查记录不完善，没有相关责任人的签字，旁站监理不到位；对于施工方没有形成书面的技术交底记录等；对于设计方的施工图设计深度不足，图纸会审存在走过场的现象，在施工图审查意见书中没有提出任何意见。

7.2.3　电网建设工程项目质量管理标准化评价指标体系

7.2.3.1　结构体系

电网建设工程项目质量管理标准化可划分为管理机构与人员标准化、质量管理行为标准化、质量管理方法措施标准化和实体质量标准化四个主要部分。

（1）管理机构与人员标准化是指从项目层面的各方主体的质量管理机构设置，其岗位人员怎样合理安排，各人员职责划分和督促各方管理人员尽职尽责地标准化工作。

（2）质量管理行为标准化是指从项目层面的各方主体的质量管理行为，各方主体的行为质量管理行为的综合体系。

（3）质量管理方法措施标准化是项目质量管理制度、措施和技术手段的统一化。

（4）实体质量标准化是电网建设工程项目质量管理工作最终应达到的效果。

1. 电网建设工程项目管理机构与人员标准化

工程全寿命周期质量管理的主体包括建设单位、施工单位、监理单位、设计单位各方主体管理人员应尽职尽责完成的电网建设工程项目质量管理工作，见表7-19。

2. 电网建设工程项目质量管理行为标准化

电网建设工程项目质量管理行为标准化包括电网建设工程项目主体质量管理行为标准化，见表7-20。

表 7-19　　电网建设工程项目管理机构与人员标准化评价指标体系

二级指标	三级指标
1. 建设单位管理机构与人员	C11：管理机构的设立 C12：人员职责分工及配备数量 C13：人员持证
2. 施工单位管理机构与人员	C11：企业资质 C12：管理机构的设立 C13：人员职责分工及配备数量 C14：人员持证
3. 监理单位管理机构与人员	C11：企业资质 C12：管理机构的设立 C13：人员职责分工及配备数量 C14：人员持证
4. 设计单位管理机构与人员	C11：企业资质 C12：管理机构的设立 C13：人员职责分工及配备数量 C14：人员持证

表 7-20　　电网建设工程质量管理行为标准化评价指标体系

二级指标	三级指标
1. 建设单位质量管理行为	C21：质量目标 C22：决策质量（工程质量监督注册、施工图设计文件审查、施工许可、行政许可手续等） C23：招投标质量（依法依规做好招投标，优选承包商单位） C24：合同质量（依法依规做签订合同，权责清晰，合理工期等） C25：造价质量（工程造价、工程款支付等） C26：培训质量 C27：质量检查（过程检查记录） C28：质量改进（检查后的整改记录、质量会议等） C29：档案质量（工程总结、移交档案资料、办理启动竣工验收证书） C210：质量标准（明确质量标准清单，禁止明示或暗示降低质量标准） C211：进度质量（项目进度控制情况） C212：策划质量（达标投产规划。对于有创优目标的工程，建设单位应编制工程创优规划，并可将达标投产规划的内容合并其中。工程创优规划中应包括针对科技成果，专利，工法成果，QC等的专项策划。建设管理大纲） C213：设备材料质量（甲方提供的材料、构配件和设备符合质量要求、催交） C214：设计质量（组织图纸会审、设计交底、设计变更管理） C215：管理质量（文件审查，解决施工过程中出现的问题，管理记录，会议，质量巡查等） C216：检测质量［重要分部（子分部）质量验收和竣工验收前，按规定委托有相应资质的检测单位对工程结构实体质量及主要使用功能进行现场检测］ C217：验收质量（按规定组织竣工验收和备案，质量监督等） C218：协调质量（各单位协调）

续表

二级指标	三级指标
2. 施工单位质量管理行为	C21：质量目标 C22：招投标质量（是否存在超越资质投标、分包招标管理等） C23：合同质量（依法依规做签订合同及分包合同，权责清晰等） C24：造价质量（工程造价、分包工程款支付等） C25：质量检查（过程检查记录） C26：质量改进（检查后的整改记录、质量会议等） C27：档案质量 C28：培训质量 C29：质量标准（明确质量标准清单，禁止明示或暗示降低质量标准） C210：进度质量（项目进度控制情况，劳动力、机具投入、进度计划及调整等） C211：工器具质量（安全工器具、试验仪器等检验有效期） C212：设备材料质量（乙方提供的材料、构配件和设备符合质量要求、材料保管等） C213：机械设备质量（“八步骤”等） C214：策划质量（施工组织设计、专项施工方案等） C215：过程管理质量（“四步法”“7S”管理，提出及解决施工过程中出现的问题，见证取样等） C216：检测质量（检测单位资质、试品试件报告等） C217：人员质量（人员台账、特种作业人员持证等） C218：分包质量（分包资质、人员配备、持证、方案、材料、设备） C219：验收质量（隐蔽验收、按规定组织三级自检、申请验收，强制性条文记录等） C220：成品保护质量（成品保护行为）
3. 监理单位质量管理行为	C21：质量目标 C22：投标质量（是否存在超越资质投标等） C23：合同质量（依法依规做签订合同，权责清晰等） C24：造价质量（工程款申请及记录、工程量审核等） C25：质量检查（过程检查记录） C26：质量改进（检查后的整改记录、质量会议等） C27：档案质量 C28：培训质量 C29：质量标准（明确质量标准清单，禁止明示或暗示降低质量标准） C210：进度质量（项目进度控制情况，劳动力、机具投入、进度计划及调整等） C211：监理配备质量（监理工器具、办公配置等） C212：策划质量（规划、细则等） C213：审查质量（施工设计文件审查质量、设计图审查等） C214：旁站见证质量（旁站见证记录等） C215：过程管理质量（WHS 记录、监理日志、监理通知单、质量缺陷通知单等管控记录） C216：协调质量（监理例会、督促设计单位进行设计交底并根据会检意见对图纸进行完善等） C217：验收质量（材料验收、按规定参与验收，强制性条文记录，质量监督等） C218：项目总结质量（监理总结、质量评估报告等）

续表

二级指标	三级指标
4. 设计单位质量管理行为	C21：质量目标 C22：招投标质量（是否存在超越资质投标、总承包模式下的招标等） C23：合同质量（依法依规做签订合同，权责清晰等） C24：造价质量（工程造价文件、工程款申请及记录等） C25：质量检查（过程检查记录） C26：质量改进（检查后的整改记录、质量会议等） C27：档案质量 C28：培训质量 C29：质量标准（明确质量标准清单，禁止明示或暗示降低质量标准） C210：进度质量（设计图、设计文件交付计划及完成情况） C211：策划质量（设计策划文件等，对新结构、新材料、新工艺和特殊结构工程提出质量要求、施工措施） C212：设备材料质量（材料录入、禁止指定材料、设备生产厂家或供应商） C213：规划设计质量（平面、平面布置、使用功能、与周围环境、建筑、设施协调，标准设计与典型造价应用等） C214：设计变更质量（设计变更记录，及时性等） C215：协调质量（设计联络会、解决施工过程中出现的勘察、设计等技术问题等） C216：验收质量［参加地基验槽、重要分部（子分部）质量验收和工程竣工验收等］

3. 电网建设工程项目质量管理方法措施标准化

电网建设工程项目质量管理方法措施标准化包括电网建设工程项目各方主体及检测单位的组织措施、管理措施、经济措施、技术措施的标准化。组织是进行质量问题纠偏首要应考虑的因素，在顺利组织的前提下，质量控制中的纠偏措施还应着重采取相应的管理措施。考虑到电网建设工程项目质量控制系统的核心动力机制，除组织措施和管理措施外还应采取一定的经济措施，且需辅以技术措施有效处理质量问题，电网建设工程项目质量管理方法措施标准化的四种措施见表 7-21。

表 7-21　　电网建设工程项目质量管理方法措施标准化的四种措施

措施	具体事项及要求
组织措施	（1）建立合理的组织结构模式，设置质量管理和质量控制部门，构建完善的质量保证组织体系，形成质量控制的网络系统架构。 （2）明确和质量控制相关的部门和人员的任务分工和管理职能分工。 （3）选择符合质量控制工作岗位标准的管理人员和技术人员，根据需要加强质量管理和质量控制部门的力量。 （4）制定质量控制工作流程和工作制度，审查其有效性和执行性
管理措施	（1）进行贯标，严格按照 GB/T 19000 或 ISO 9000 质量管理体系建立质量保证体系。 （2）多单位控制，尤其强调操作者自控。 （3）采取相关管理技术方法进行质量问题分析。 （4）采取必要的合同措施，选择有利于质量控制的合同结构模式，减少分包数量。 （5）加强项目管理文化建设。 （6）利用信息技术辅助质量控制和纠偏，建立质量数据库，应用探测技术，远程监控系统，质量数据的采集、分析和管理等

续表

措　施	具体事项及要求
经济措施	（1）对出现质量问题的单位和个人进行经济处罚，对达到质量计划目标的单位和个人采取一定的经济激励措施。 （2）进行质量保险，通过保险转移质量风险
技术措施	（1）局部性、轻微的且不会给整体工程质量带来严重影响的质量缺陷进行整修和返工。 （2）较大的质量事故采取综合的缺陷（事故）补救措施

根据上述四种措施建立的电网建设工程项目质量管理方法措施标准化评价指标体系见表 7－22。

表 7－22　　电网建设工程项目质量管理方法措施标准化评价指标体系

二级指标	三　级　指　标
1. 建设单位质量管理方法措施	C31：质量责任追溯制度 C32：信息化应用（资产信息系统应用、BIM 技术、智慧工地、大数据、云计算、物联网、其他信息系统等） C33：质量管理体系建设（质量管理决策体系、质量管理保证体系、质量管理监督体系、质量管理体系认证等） C34：经济激励措施（工程款支付、奖罚措施） C35：其他制度建设（教育培训制度、质量策划制度、质量检查制度、质量验收制度、质量事故报告处理制度、质量考评制度、技术创新成果推广制度）
2. 施工单位质量管理方法措施	C31：质量责任追溯制度 C32：样板示范制度 C33：信息化应用（资产信息系统应用、BIM 技术、智慧工地、大数据、云计算、物联网、其他信息系统等） C34：质量管理体系建设（质量管理决策体系、质量管理保证体系、质量管理监督体系、质量管理体系认证等） C35：经济激励措施 C36：其他制度建设（教育培训制度、质量策划制度、质量检查制度、质量验收制度、质量事故报告处理制度、机械设备管理制度、工器具管理制度、技术创新成果推广制度等）
3. 监理单位质量管理方法措施	C31：质量责任追溯制度 C32：样板示范制度 C33：信息化应用（资产信息系统应用、BIM 技术、智慧工地、大数据、云计算、物联网、其他信息系统等） C34：质量管理体系建设（质量管理决策体系、质量管理保证体系、质量管理监督体系、质量管理体系认证等） C35：经济激励措施 C36：其他制度建设（教育培训制度、质量策划制度、质量检查制度、质量验收制度、质量事故报告处理制度、监理巡视检查制度、旁站制度、协调制度、技术创新成果推广制度等）
4. 设计单位质量管理方法措施	C31：质量责任追溯制度 C32：样板示范制度 C33：信息化应用（资产信息系统应用、BIM 技术、大数据、云计算、物联网、其他信息系统等） C34：质量管理体系建设（质量管理决策体系、质量管理保证体系、质量管理监督体系、质量管理体系认证等） C35：经济激励措施 C36：其他制度建设（教育培训制度、质量策划制度、质量检查制度、质量验收制度、质量事故报告处理制度、设计质量保证制度、技术创新成果推广制度等）

管理工作的标准化，最终会体现为电网建设工程的实体质量，即实体质量的标准化。评价指标体系见表 7－23。

表 7－23　　电网建设工程项目实体质量标准化评价指标体系

二级指标	三级指标
1. 建设单位实体质量	C41：性能检测（检测报告合格） C42：质量记录（验评记录、四个专项评价记录等） C43：允许偏差 C44：观感质量 C45：质量目标完成情况 C46：运行质量 C47：质量事故事件 C48：质量奖项（加分项） C49：其他奖项（专利、QC 成果、科技进步奖等）（加分项） C410：“五新”应用（加分项）
2. 施工单位实体质量	C41：性能检测（检测报告合格） C42：质量记录（隐蔽验收记录、验评记录、四个专项评价记录等） C43：允许偏差 C44：观感质量 C45：质量目标完成情况 C46：运行质量 C47：质量事故事件 C48：质量奖项（加分项） C49：其他奖项（加分项） C410：“五新”应用（加分项）
3. 监理单位实体质量	C41：性能检测（检测报告合格） C42：质量记录（隐蔽验收记录、验评记录、四个专项评价记录等） C43：允许偏差 C44：观感质量 C45：质量目标完成情况 C46：运行质量 C47：质量事故事件 C48：质量奖项 C49：其他奖项（专利、QC 成果、科技进步奖等） C410：“五新”应用（加分项）
4. 设计单位实体质量	C41：设计变更评价 C42：使用功能评价 C43：设计深度评价 C44：设计成品评价（设备、材料和技术） C45：设计文件评价（提供的地质、测量、水文等设计文件，设计图纸，竣工图等） C46：质量目标完成情况 C47：运行质量 C48：质量事故事件 C49：质量奖项 C410：其他奖项（专利、QC 成果、科技进步奖等） C411：“五新”应用（加分项）

7.2.3.2　评价指标体系

1. 评价指标体系的评价方法

（1）指标评分法。将四个二级指标（管理机构与人员、质量管理行为、质量管理方法措施和实体质量标准化）设定满分100分，通过扣分方法进行评分，其中部分指标设置加分项。每个一级指标划分为若干个二级指标和三级指标，以具有详细考核标准的三级指标作为最终评分项。根据三级指标的考核标准，按照监督机构的实际完成情况进行相应扣分或加分，扣分、加分后总评分不得超过100分。

（2）权重确定法。四个二级指标权重分配依次为W_1、W_2、W_3、W_4，总和为1。二级指标下属的若干个三级指标按照该指标重要性进行分值权重分配。三级指标评分汇总至二级指标，二级指标评分汇总至一级指标并计算得分P。评价等级根据一级指标考核得分Z而评定，见表7-10。

2. 标准化评价指标体系建立

所构建的电网建设工程项目质量管理标准化评价体系由电网建设工程项目质量管理的管理机构与人员标准化评价指标、质量管理行为标准化评价指标、质量管理方法措施标准化评价指标和实体质量标准化评价指标四个模块组成，分解为一级、二级、三级指标。

7.2.4　电网建设工程项目质量管理标准化评价工作机制

7.2.4.1　评价主体和对象

1. 评价主体

（1）公司评价组或第三方评价组。

（2）建设单位质量评价人。

（3）设计单位质量评价人。

（4）施工单位质量评价人。

（5）监理单位质量评价人。

2. 评价对象

（1）公司评价组或第三方评价组进行评价时，评价对象是子公司电网建设工程项目的质量管理工作。

（2）建设单位质量评价人进行评价时，评价对象是该电网建设工程项目层面建设单位的质量管理工作。

（3）设计单位质量评价人进行评价时，评价对象是该电网建设工程项目层面设计单位的质量管理工作。

（4）施工单位质量评价人进行评价时，评价对象是该电网建设工程项目层面施工单位的质量管理工作。

（5）监理单位质量评价人进行评价时，评价对象是该电网建设工程项目层面监理单位的质量管理工作。

（6）参评项目应为已竣工项目。

7.2.4.2 评价流程

1. 质量管理标准化评价流程

项目工程质量管理标准化评价分为三个阶段：准备工作、实施评价、结果反馈。

(1) 准备工作阶段主要包括确定评价计划，确定评价小组成员，确定评价时间、评价前文件准备。

(2) 实施评价阶段主要工作内容为资料审查、现场检查、评分与评级。

(3) 结果反馈阶段主要包括编制评价报告、质量管理改进。

电网建设工程项目质量管理标准化评价流程如图 7-6 所示。

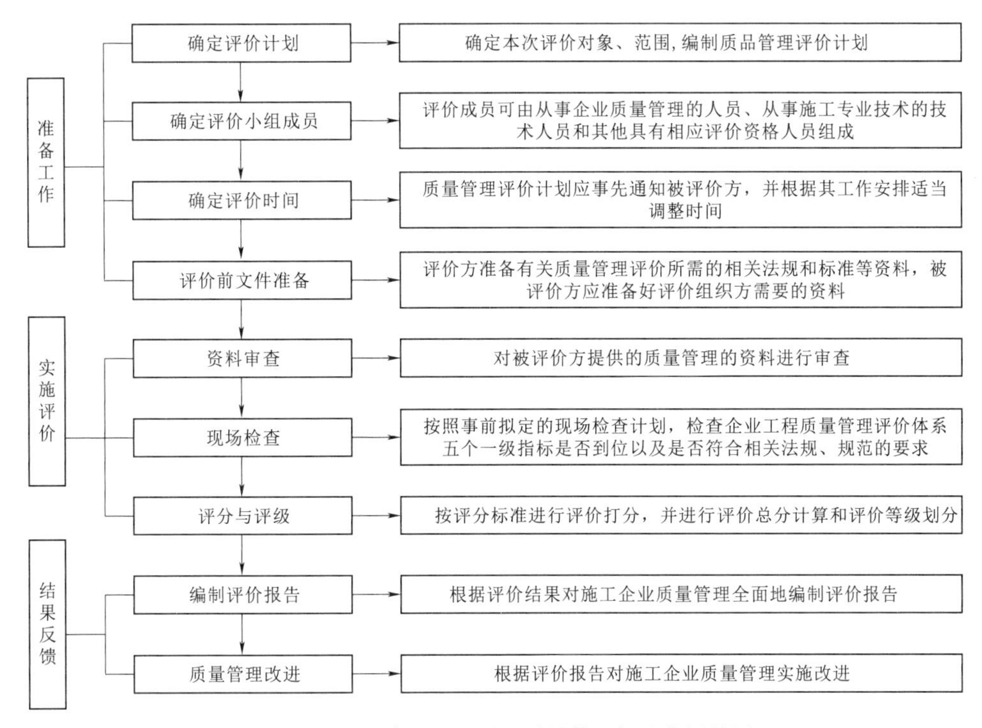

图 7-6 电网建设工程项目质量管理标准化评价图

7.2.4.3 电网建设工程项目质量管理标准化评价的信息采集机制

信息采集工作是电网建设工程项目质量管理标准化评价的第一步。为规范电网建设工程项目质量管理标准化评价工作，将用于电网建设工程项目质量管理标准化评价所需采集的信息资料，按参建四方（建设单位、设计单位、施工单位、监理单位）作为评价信息的提供单位，整理出电网建设工程项目质量管理标准化评价信息的收集渠道，见表 7-24。

表 7-24　　电网建设工程项目质量管理标准化评价信息收集渠道

序号	信 息 名 称	提供单位
1	业主方、业主代表资料	建设单位
2	施工单位的资质等级证书	施工单位
3	项目经理证书	施工单位
4	质量管理人员资格证书	施工单位

续表

序号	信　息　名　称	提供单位
5	主要专业工种操作上岗资格及配备和到位情况	施工单位
6	项目部管理人员配备和到位情况	施工单位
7	项目经理、主要管理人员名单表	施工单位
8	分包单位的资质等级证书	施工单位
9	分包单位质量管理人员、专职质量人员资质证明档案	施工单位
10	监理单位、设计单位的资质等级证书	监理单位、设计单位
11	项目总监或代表资质证书	监理单位
12	监理人员数量及资质证书	监理单位
13	项目监理部监理人员配备和到位情况	监理单位
14	总监、监理工程师名单表	监理单位
15	技术负责人、主要技术人员的执业资格	设计单位
16	施工单位的资质等级证书	施工单位
17	检测人员的资格情况	施工单位
18	名称、地址、法定代表人、技术负责人等变更手续	施工单位
19	跨地区承担检测业务的，应有工程所在地建设主管部门备案记录	施工单位
20	质量监督注册、施工图设计文件审查、施工许可（开工报告）	建设单位
21	图纸会审、设计交底、设计变更记录文件	建设单位
22	原设计有重大修改、变动的，施工图设计文件重新报审情况	建设单位
23	采购的建材、构配件和设备的说明书、合格证明	建设单位
24	相应资质施工单位的委托书（对工程结构实体质量及主要使用功能进行现场检测）	建设单位
25	竣工验收方案及落实情况、备案材料	建设单位
26	施工人员、技术交底及参加图纸会审、变更、洽商情况	施工单位
27	使用的材料、构配件和设备的合格证明	施工单位
28	材料质保证书和复试报告	施工单位
29	进场材料、构配件、设备、混凝土的检验试验报告	施工单位
30	监理单位见证下对涉及结构安全的试块、试件及材料的检测报告	施工单位
31	主要材料存放情况	施工单位
32	大型设备经进场报告	施工单位
33	工程技术标准、经审查批准的施工图设计文件及设计变更执行情况	施工单位
34	班组自检、互检、交接检制度的执行情况	施工单位
35	项目部、企业质量控制管理制度的执行情况	施工单位
36	现场施工操作技术规程及国家有关规范、标准配置情况	施工单位
37	工作联系单	施工单位
38	主要材料进场报审表	施工单位

续表

序号	信　息　名　称	提供单位
39	工序验收记录表	施工单位
40	现场变更签证申请表	施工单位
41	防渗漏工程专项报审记录	施工单位
42	隐蔽工程验收报审记录	施工单位
43	施工旁站细则、旁站记录，节假日值班记录	施工单位
44	检验批、分项、分部、单位工程质量的检验评定、及时、真实情况	施工单位
45	施工组织设计、方案审核记录	施工单位
46	设计图纸文件会审记录	施工单位
47	施工图、设计变更清单	施工单位
48	施工日记和质量人员工作记录	施工单位
49	对重要分部（子分部）质量验收出具相应的施工质量自评报告	施工单位
50	工程质量、进度月报，周、月进度计划表	施工单位
51	质量例会纪要和安全文明检查记录表	施工单位
52	填写、收集、整理、归档工程技术资料情况	施工单位
53	对施工单位报送的《施工组织方案》和《专项施工方案》审核情况	监理单位
54	对施工单位报送的分包单位资质资格和特种作业人员资格等方面情况的审核情况	监理单位
55	施工单位报送的机械、设备的合格情况和进出场计划的审核情况	监理单位
56	施工单位原材料、构配件的进场合格证的审核情况及按规定见证取样送检的执行情况	监理单位
57	对施工单位按规定制作的留置砼试件、砂浆试件的见证记录	监理单位
58	对重要的分部分项工程旁站情况，对施工工序中问题的发现及处理情况	监理单位
59	隐蔽工程，分部、分项、单位工程验收报告及工程竣工的验收情况	监理单位
60	工程质量评估报告	监理单位
61	工程质量事故的调查处理报告	监理单位、施工单位、设计单位
62	参加图纸会审和技术交底等工作情况	设计单位
63	对新结构、新材料、新工艺和特殊结构工程提出的质量要求、施工措施文件	设计单位
64	设计变更、技术洽商文件的签发情况	设计单位
65	检测数据的真实性、准确性证明	施工单位
66	检测内容和方法的规范、标准执行情况	施工单位
67	检测报告形成程序、数据及结论的符合情况	施工单位
68	检测数据监管平台对检测数据的上传落实情况	施工单位
69	对检测不合格情形的报告、处理情况	施工单位
70	施工合同、发包情况	建设单位
71	招标文件及进行情况	建设单位

续表

序号	信　息　名　称	提供单位
72	《工程质量终身责任信息表》	建设单位
73	工程质量责任信息档案	建设单位
74	工程款支付情况	建设单位
75	优质奖励及延误索赔规则	建设单位
76	对未实行监理的工程，提供本单位人员履行监理职责的相应措施计划	建设单位
77	《工程质量终身责任承诺书》	建设单位、设计单位、施工单位、监理单位
78	对各方项目负责人信息及变更情况的记录	建设单位
79	施工设计交底、专项方案交底和质量技术交底情况	施工单位
80	隐蔽工程的验收工作，分部工程、单位工程和工程竣工验收情况	施工单位
81	施工组织设计，危险性较大分部分项工程专项施工方案的编制、论证和实施情况	施工单位
82	按照审查通过的施工图设计文件和技术标准组织施工的执行情况	施工单位
83	涉及结构安全的试块、试件及材料检测情况	施工单位
84	信息化平台的建设运用情况	施工单位
85	辅助施工的信息化手段（例如：BIM，VR，VP）使用情况	施工单位
86	质量管理经费的安排计划	施工单位
87	项目部优质工程奖励和质量缺陷处罚规则	施工单位
88	质量管理体系的建立、落实情况，质量管理规章制度和操作规程	施工单位
89	现场项目负责人质量责任标识牌的设置情况	施工单位
90	质量隐患排查的开展情况，对质量隐患的处理报告	施工单位
91	现场作业人员岗前质量教育的开展情况	施工单位
92	质量安全事故的报告，现场救援的开展	施工单位
93	隐蔽验收报告	监理单位
94	分部、分项、单位工程验收报告	监理单位
95	竣工验收报告	监理单位
96	放线结果的复查情况	监理单位
97	针对监理工程师的优质工程奖励和质量缺陷处罚	监理单位
98	旁站监理记录	监理单位
99	材料检验见证记录	监理单位
100	试件留置见证记录	监理单位
101	勘察工作的原始记录的整理、核对情况	设计单位
102	施工过程中涉及的勘察、设计问题的解决情况	设计单位
103	工程质量检查报告	设计单位

续表

序号	信 息 名 称	提供单位
104	重要分部分项工程和单位工程竣工验收情况，验收结论	设计单位
105	书面检测合同	施工单位
106	检测结果不合格项目台账的建立、使用情况	施工单位
107	档案管理制度的建立、实施情况	施工单位
108	其他单位违反法律以及涉及结构安全检测结果的不合格情况的记录及报告情况	施工单位
109	地基与地下工程性能检测记录、质量记录、允许偏差、观感质量记录	施工单位
110	混凝土工程性能检测记录、质量记录、允许偏差、观感质量记录	施工单位
111	钢结构工程性能检测记录、质量记录、允许偏差、观感质量记录	施工单位
112	砌体工程性能检测记录、质量记录、允许偏差、观感质量记录	施工单位
113	屋面工程性能检测记录、质量记录、允许偏差、观感质量记录	施工单位
114	装饰装修工程性能检测记录、质量记录、允许偏差、观感质量记录	施工单位
115	给水排水及供暖工程性能检测记录、质量记录、允许偏差、观感质量记录	施工单位
116	电气工程性能检测记录、质量记录、允许偏差、观感质量记录	施工单位
117	通风与空调工程性能检测记录、质量记录、允许偏差、观感质量记录	施工单位
118	电梯工程性能检测记录、质量记录、允许偏差、观感质量记录	施工单位
119	智能电网建设工程性能检测记录、质量记录、允许偏差、观感质量记录	施工单位
120	燃气工程性能检测记录、质量记录、允许偏差、观感质量记录	施工单位
121	建筑节能工程性能检测记录、质量记录、允许偏差、观感质量记录	施工单位

7.2.4.4 电网建设工程项目质量管理标准化评价结果及应用

根据综合考核分数的高低，将评价结果分为“AAAAA”“AAAA”“AAA”“AA”“A”5个等级。评价等级见表7-12。评价等级含义见表7-13。

7.2.5 电网建设工程项目质量管理标准化评价结果运用建议

1. 优质工程推荐

电网建设工程项目质量管理标准化评价结果可作为公司各级优质工程推荐标准，如推荐为国家级优质工程，评价等级应为AAAAA级，推荐为公司基建优质工程，评价等级应为AAAA级及以上，推荐为省级电网公司优质工程，评价等级应为AAA级及以上，以此类推，引导各项目做细做实质量管理工作。

2. 综合评价应用

对于开展了电网建设工程项目质量管理标准化评价的工程项目，在参与基建管理综合评价时，可根据电网建设工程项目质量管理标准化评价结果给予质量管理基础得分，辅以少量加减分评价项目，减少基建综合评价工作量。

3. 掌握电网建设工程项目质量管理现状

根据评价表的结果等级评定，可得知该电网建设工程项目质量管理机构与人员、质量管理行为、质量管理方法措施、实体质量标准化的工作现状，掌握工程项目质量管理的实际水平。

4. 发现项目质量管理问题并提出改进措施

评价结果有助于反映电网建设工程项目质量管理人员、制度、流程、方法等存在的问题，为下一步工作改进和决策提供依据。针对关键因素采取相应质量控制措施，能够有效避免工程质量管理问题给参建各单位带来的损失。

5. 总结经验，提高项目质量管理水平

对于评价结果 AAAAA 级的电网建设工程项目，总结其管理方法、管理模式和管理制度，不仅可以为该项目优化质量管理活动提供依据，还有利于建立持续改进的良好氛围。通过对以往优秀质量管理经验的吸收、利用和改进，使各参建单位的质量管理水平持续提高。

7.3　面对企业与项目的电网建设工程质量管理标准化评价体系构建研究

根据电网建设工程质量管理标准化评价体系的构建思路，结合电力企业质量管理标准化评价体系构研究及电网建设工程项目质量管理标准化评价体系构建研究，面对企业与项目的电网建设工程质量管理标准化评价体系结构如图 7－7 所示。

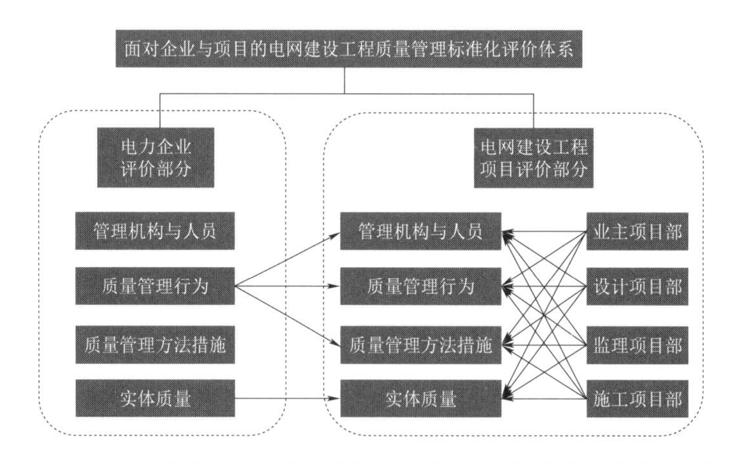

图 7－7　面对企业与项目的电网建设工程质量管理标准化评价体系结构图

电网建设工程项目质量管理标准化评价结果能对应用于电力企业质量管理标准化评价，通过合并相同因素，能够统一构成了适用于电网建设工程企业和项目两个环节的电网建设工程质量管理标准化评价体系。

7.3.1　建设单位质量管理标准化评价指标体系构建

建设单位质量管理标准化评价指标体系见表 7－25。

表 7-25　　建设单位质量管理标准化评价指标体系

一级指标	二级指标	三级指标
建设单位质量管理标准化	1. 管理机构与人员	C11：管理机构的设立 C12：人员职责分工及配备数量 C13：人员持证
	2. 质量管理行为	C21：质量目标 C22：决策质量（工程质量监督注册、施工图设计文件审查、施工许可、行政许可手续等） C23：招投标质量（依法依规做好招投标，优选承包商单位） C24：合同质量（依法依规做签订合同，权责清晰，合理工期等） C25：造价质量（工程造价、工程款支付等） C26：培训质量 C27：质量检查（过程检查记录） C28：质量改进（检查后的整改记录、质量会议等） C29：档案质量（工程总结、移交档案资料、办理启动竣工验收证书） C210：质量标准（明确质量标准清单，禁止明示或暗示降低质量标准） C211：进度质量（项目进度控制情况） C212：设备材料质量（甲方提供的材料、构配件和设备符合质量要求、催交） C213：项目的质量行为（只对项目评价部分） C213-1：策划质量（建设管理大纲、工程创优规划） C213-2：设计质量（组织图纸会审、设计交底、设计变更管理） C213-3：管理质量（文件审查，解决施工过程中出现的问题，管理记录，会议，质量巡查等） C213-4：检测质量[重要分部（子分部）质量验收和竣工验收前，按规定委托有相应资质的检测单位对工程结构实体质量及主要使用功能进行现场检测] C213-5：验收质量（按规定组织竣工验收和备案，质量监督等） C213-6：协调质量（各单位协调）
	3. 质量管理方法措施	C31：岗位责任制 C32：质量责任追溯制度 C33：信息化应用（资产信息系统应用、BIM 技术、智慧工地、大数据、云计算、物联网、其他信息系统等） C34：质量管理体系建设（质量管理决策体系、质量管理保证体系、质量管理监督体系、质量管理体系认证等） C35：经济激励措施（工程款支付、奖罚措施） C36：其他制度建设（教育培训制度、质量策划制度、质量检查制度、质量验收制度、质量事故报告处理制度、质量考评制度、技术创新成果推广制度）
	4. 实体质量	C41：项目实体质量：（只对项目评价部分） C41-1：性能检测（检测报告合格） C41-2：质量记录（WHS 检查记录、验评记录、四个专项评价记录等） C41-3：允许偏差 C41-4：观感质量 C42：质量目标完成情况 C43：运行质量 C44：质量事故事件 C45：质量奖项（加分项） C46：其他奖项（加分项） C47：“五新”应用（加分项）

7.3.2　设计单位质量管理标准化评价指标体系构建

设计单位质量管理标准化评价指标体系见表7-26。

表7-26　设计单位质量管理标准化评价指标体系

一级指标	二级指标	三级指标
建设单位质量管理标准化	1. 管理机构与人员	C11：管理机构的设立 C12：人员职责分工及配备数量 C13：人员持证
	2. 质量管理行为	C21：质量目标 C22：决策质量（工程质量监督注册、施工图设计文件审查、施工许可、行政许可手续等） C23：招投标质量（依法依规做好招投标，优选承包商单位） C24：合同质量（依法依规做签订合同，权责清晰，合理工期等） C25：造价质量（工程造价、工程款支付等） C26：培训质量 C27：质量检查（过程检查记录） C28：质量改进（检查后的整改记录、质量会议等） C29：档案质量（工程总结、移交档案资料、办理启动竣工验收证书） C210：质量标准（明确质量标准清单，禁止明示或暗示降低质量标准） C211：进度质量（项目进度控制情况） C212：设备材料质量（甲方提供的材料、构配件和设备符合质量要求、催交） C213：项目的质量行为（只对项目评价部分） C213-1：策划质量（建设管理大纲、工程创优规划） C213-2：设计质量（组织图纸会审、设计交底、设计变更管理） C213-3：管理质量（文件审查，解决施工过程中出现的问题，管理记录，会议，质量巡查等） C213-4：检测质量［重要分部（子分部）质量验收和竣工验收前，按规定委托有相应资质的检测单位对工程结构实体质量及主要使用功能进行现场检测］ C213-5：验收质量（按规定组织竣工验收和备案，质量监督等） C213-6：协调质量（各单位协调）
	3. 质量管理方法措施	C31：岗位责任制 C32：质量责任追溯制度 C33：信息化应用（资产信息系统应用、BIM技术、智慧工地、大数据、云计算、物联网、其他信息系统等） C34：质量管理体系建设（质量管理决策体系、质量管理保证体系、质量管理监督体系、质量管理体系认证等） C35：经济激励措施（工程款支付、奖罚措施） C36：其他制度建设（教育培训制度、质量策划制度、质量检查制度、质量验收制度、质量事故报告处理制度、质量考评制度、技术创新成果推广制度）
	4. 实体质量	C41：项目实体质量：（只对项目评价部分） C41-1：性能检测（检测报告合格） C41-2：质量记录（WHS检查记录、验评记录、四个专项评价记录等） C41-3：允许偏差 C41-4：观感质量 C42：质量目标完成情况 C43：运行质量 C44：质量事故事件 C45：质量奖项（加分项） C46：其他奖项（加分项） C47：“五新”应用（加分项）

7.3.3　施工单位质量管理标准化评价指标体系构建

施工单位质量管理标准化评价指标体系见表7-27。

表7-27　　施工单位质量管理标准化评价指标体系

一级指标	二级指标	三级指标
建设单位质量管理标准化	1. 管理机构与人员	C11：企业资质 C12：管理机构的设立 C13：人员职责分工及配备数量 C14：人员持证
	2. 质量管理行为	C21：质量目标 C22：招投标质量（是否存在超越资质投标、分包招标管理等） C23：合同质量（依法依规做签订合同及分包合同，权责清晰等） C24：造价质量（工程造价、分包工程款支付等） C25：质量检查（过程检查记录） C26：质量改进（检查后的整改记录、质量会议等） C27：档案质量 C28：培训质量 C29：质量标准（明确质量标准清单，禁止明示或暗示降低质量标准） C210：进度质量（项目进度控制情况，劳动力、机具投入、进度计划及调整等） C211：工器具质量（安全工器具、试验仪器等检验有效期） C212：设备材料质量（乙方提供的材料、构配件和设备符合质量要求、材料保管等） C213：机械设备质量（“八步骤”等） C214：项目的质量行为（只对项目评价部分） C214-1：策划质量（施工组织设计、专项施工方案等） C214-2：过程管理质量（“四步法”“7S”管理，提出及解决施工过程中出现的问题，见证取样等） C214-3：检测质量（检测单位资质、试品试件报告等） C214-4：人员质量（人员台账、特种作业人员持证等） C214-5：分包质量（分包资质、人员配备、持证、方案、材料、设备） C214-6：验收质量（隐蔽验收、按规定组织三级自检、申请验收，强制性条文记录等） C214-7：成品保护质量（成品保护行为）
	3. 质量管理方法措施	C31：其他制度建设（教育培训制度、质量策划制度、质量检查制度、质量验收制度、质量事故报告处理制度、机械设备管理制度、工器具管理制度、技术创新成果推广制度等） C32：岗位责任制 C33：质量责任追溯制度 C34：样板示范制度 C35：信息化应用（资产信息系统应用、BIM技术、智慧工地、大数据、云计算、物联网、其他信息系统等） C36：质量管理体系建设（质量管理决策体系、质量管理保证体系、质量管理监督体系、质量管理体系认证等） C37：经济激励措施
	4. 实体质量	C41：项目实体质量：（只对项目评价部分） C41-1：性能检测（检测报告合格） C41-2：质量记录（WHS检查记录、验评记录、四个专项评价记录等） C41-3：允许偏差 C41-4：观感质量 C42：质量目标完成情况 C43：运行质量 C44：质量事故事件 C45：质量奖项（加分项） C46：其他奖项（加分项） C47：“五新”应用（加分项）

7.3.4 监理单位质量管理标准化评价指标体系构建

监理单位质量管理标准化评价指标体系见表7-28。

表7-28　监理单位质量管理标准化评价指标体系

一级指标	二级指标	三级指标
监理单位质量管理标准化	1. 管理机构与人员	C11：企业资质 C12：管理机构的设立 C13：人员职责分工及配备数量 C14：人员持证
	2. 质量管理行为	C21：质量目标 C22：投标质量（是否存在超越资质投标等） C23：合同质量（依法依规做签订监理合同，权责清晰等） C24：造价质量（工程款申请审核记录、工程量审核等） C25：质量检查（过程检查记录） C26：质量改进（检查后的整改记录、质量会议等） C27：档案质量 C28：培训质量 C29：质量标准（明确质量标准清单，禁止明示或暗示降低质量标准） C210：进度质量（项目进度控制情况，劳动力、机具投入、进度计划分析及调整等） C211：监理配备质量（监理工器具、办公配置等） C212：项目的质量行为（只对项目评价部分） C212-1：策划质量（监理规划、细则编写质量等） C212-2：审查质量（施工设计文件审查质量、设计图审查质量等） C212-3：旁站见证质量（旁站见证记录等） C212-4：过程管理质量（监理日志、监理通知单、质量缺陷通知单等管控记录） C212-5：协调质量（监理例会、督促设计单位进行设计交底并根据会检意见对图纸进行完善等） C212-6：验收质量（设备材料验收、WHS记录、按规定参与验收，强制性条文记录，质量监督等） C212-7：项目总结质量（监理总结、质量评估报告等）
	3. 质量管理方法措施	C31：其他制度建设（教育培训制度、质量策划制度、质量检查制度、质量验收制度、质量事故报告处理制度、监理巡视检查制度、旁站制度、协调制度、技术创新成果推广制度等） C32：岗位责任制 C33：质量责任追溯制度 C34：样板示范制度 C35：信息化应用（资产信息系统应用、BIM技术、智慧工地、大数据、云计算、物联网、其他信息系统等） C36：质量管理体系建设（质量管理决策体系、质量管理保证体系、质量管理监督体系、质量管理体系认证等） C37：经济激励措施
	4. 实体质量	C41：项目实体质量：（只对项目评价部分） C41-1：性能检测（检测报告合格） C41-2：质量记录（WHS检查记录、验评记录、四个专项评价记录等） C41-3：允许偏差 C41-4：观感质量 C42：质量目标完成情况 C43：运行质量 C44：质量事故事件 C45：质量奖项（加分项） C46：其他奖项（加分项） C47：“五新”应用（加分项）

7.3.5 电网建设工程质量管理标准化评价体系指标概述

汇总各级指标，构建形成了16个单元，151个要素的电网建设工程质量管理标准化评价体系指标，见表7-29。

表7-29 电网建设工程质量管理标准化评价体系指标统计表

目标层（一级）	准则层（二级）	指标层（三级）要素数量
建设单位质量标准化评价	管理机构与人员标准化	3
	质量管理行为标准化	18
	质量管理方法措施标准化	5
	实体质量标准化	10
设计单位质量标准化评价	管理机构与人员标准化	4
	质量管理行为标准化	16
	质量管理方法措施标准化	6
	实体质量标准化	11
施工单位质量标准化评价	管理机构与人员标准化	4
	质量管理行为标准化	20
	质量管理方法措施标准化	6
	实体质量标准化	10
监理单位质量标准化评价	管理机构与人员标准化	4
	质量管理行为标准化	18
	质量管理方法措施标准化	6
	实体质量标准化	10

7.3.6 电网建设工程质量管理标准化评价体系评价主体

1. 企业质量管理标准化评价主体

企业电网建设工程质量管理标准化的形成和运作，必然要求有从事标准化评价管理的机构，统管企业质量管理评价工作，成立企业质量管理评价机构，对企业的质量管理水平进行评价。企业质量管理标准化评价的主体包括：

（1）企业自身（企业采用自检的方式）。

（2）上级总公司（总公司对分公司的评价）。

（3）建设管理单位（建设管理单位对参建企业的评价）。

2. 企业质量管理标准化评价对象

（1）企业质量管理标准化评价的对象包括：

1）企业采用自检的方式时，对象是企业本身。

2）企业总公司对分公司评价时，对象是下一级分公司。

3）建设管理单位对企业评价时，对象是各参建企业。

（2）因企业质量管理标准化评价需以企业项目为支撑，项目抽检要求如下：

1）基于企业发包或承接的项目类型，各类型项目不少于1个。

2）基于企业发包或承接的项目电压等级，同类型项目原则上以电压等级高的项目优先检查。

3. 电网建设工程项目评价主体

（1）公司评价组或第三方评价组。

（2）建设单位质量评价人。

（3）设计单位质量评价人。

（4）施工单位质量评价人。

（5）监理单位质量评价人。

4. 电网建设工程项目评价对象

（1）公司评价组或第三方评价组进行评价时，评价对象是子公司电网建设工程项目的质量管理工作。

（2）建设单位质量评价人进行评价时，评价对象是该电网建设工程项目层面建设单位的质量管理工作。

（3）设计单位质量评价人进行评价时，评价对象是该电网建设工程项目层面设计单位的质量管理工作。

（4）施工单位质量评价人进行评价时，评价对象是该电网建设工程项目层面施工单位的质量管理工作。

（5）监理单位质量评价人进行评价时，评价对象是该电网建设工程项目层面监理单位的质量管理工作。

7.3.7　评价流程

电网建设工程质量管理标准化评价流程分为三个阶段：准备工作、实施评价、结果反馈。

（1）准备工作主要包括确定评价计划、评价小组的成员，确定评价时间，评价前文件准备。

（2）实施评价阶段主要工作内容为资料审查，现场检查，评分与评级。

（3）结果反馈阶段需要进行评价报告编制并指导质量管理改进。

电网建设工程质量管理标准化评价工作流程如图7-6所示。

7.3.8　评价结果

1. 评价方法

（1）指标评分法。将四个二级指标（管理机构与人员、质量管理行为、质量管理方法措施和实体质量标准化）设定满分100分，通过扣分方法进行评分，其中部分指标设置加分项。每个一级指标划分为若干个三级指标，以具有详细考核标准的三级指标作为最终评分项。根据三级指标的考核标准，按照监督机构的实际完成情况进行相应扣分或加分，扣分、加分后总评分不得超过100分。

（2）权重确定法。四个二级指标权重分配依次为W_1、W_2、W_3、W_4，总和为1。二

级指标下属的若干个三级指标按照该指标重要性进行分值权重分配。三级指标评分汇总至二级指标，二级指标评分汇总至一级指标并计算得分 P。评价等级根据一级指标考核得分 Z 而评定，权重分配及一级指标考核得分 Z 计算公式见表 7-10。

2. 评价等级

根据综合考核分数的高低，将评价结果分为“AAAAA”“AAAA”“AAA”“AA”“A”5 个等级。评价等级见表 7-12。评价等级含义见表 7-13。

第8章 电网建设工程质量管理标准化的评价方法与实证分析

根据电网建设工程质量管理标准化评价体系的构建成果，本章具体对主要评价方法进行介绍，并通过实证分析，验证了电网建设工程质量管理标准化评价体系的可操作性和有效性。

8.1 主要评价方法

8.1.1 评价指标识别的方法

由于评价指标权重分析时计划采用专家调查计算权重的方法，为了避免重复，评价指标的识别计划采用德尔菲法和头脑风暴法来进行评价指标的识别。为了尽量科学、全面地识别评价指标，并且能够突出工程质量评价的特殊要求，可先对以往电网建设工程项目质量评价的案例进行分析，通过分析识别出具有工程质量特殊性的评价指标；然后，进行第一次专家访谈，将以往案例分析的情况汇报给各位专家开展头脑风暴，利用因果分析法识别出尽可能多的评价指标；通过比较筛选，进行第二次专家访谈，将第一次的专家访谈结果汇报给各位专家；最后进行比较筛选，最终确定具有代表性的、全面科学的评价指标。

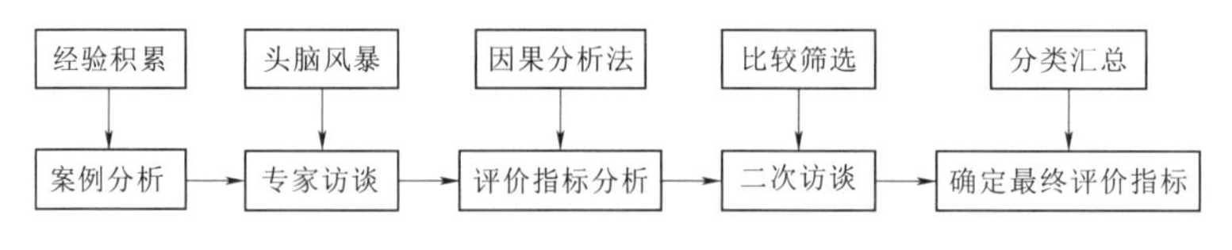

图8-1 评价指标识别示例图

8.1.2 评价指标识别的原则

1. 科学性原则

工程质量评价指标的选取应从电网建设工程的具体实际情况出发，在实地调研的基础

上，结合科学的指标选举方法选取合理的评价指标，避免人为的主观性，所选取的评价指标必须能反映实际电网建设工程的具体情况。

2. 整体性原则

电网建设工程质量评价指标的选取必须全面、系统，所建立的电网建设工程质量评价指标体系必须能够反映电网建设工程的整体情况，对整个系统有实质性的影响作用。因此，在选取电网建设工程质量评价指标时，需要全面地考虑系统的整体性，从系统的各个角度出发，避免片面、零散、毫无意义的电网建设工程质量评价指标。

3. 独立性原则

电网建设工程质量评价指标体系的构建不仅需要全面、系统地反映电网建设工程的整体情况，同时也应避免重复冗杂，其电网建设工程质量评价指标应该互不重叠与影响，彼此间互相独立。若初选时的电网建设工程质量评价指标发生重叠，则应进一步对电网建设工程质量评价指标体系进行优化。按照这样的原则构建的电网建设工程质量评价指标体系可以更好地反映电网建设工程的实际情况，并且电网建设工程质量评价指标体系具有较强的代表性。

4. 可操作性原则

针对具体电网建设工程的实际情况，结合电网建设工程质量的知识以及电网建设工程的建设经验，通过调查问卷的方式进行分析与提取，将定性的指标利用合理的方法对各质量评价指标进行科学量化，并且讨论合理性、相关性进一步优化指标评价体系。

5. 动态性和静态性相结合原则

质量评价指标体系需要考虑工程的某一时点的水平，同时，尽可能地衡量工程质量演变趋势的指标。因此，要求所设计的指标体系既要从时间序列给予综合考虑，同时又要从空间序列来评价和判断工程质量水平。要求所设计的质量评价指标体系能够适合工程开展需要，与工程发展实际保持同步。

6. 可比性与针对性原则

研究设计的质量评价指标体系可以进行不同工程之间的横向比较，又能够对同一工程不同时段的纵向比较。

8.1.3 评价指标分类的方法

1. 一般分类

影响工程质量的原因很多，分类与普通电网建设工程项目大致相同。

(1) 按照电网建设工程项目全生命周期来分类可以分为规划阶段评价指标、设计阶段因素、施工阶段因素、运行维护阶段因素等。

(2) 按照工程质量的影响要素分类可以分为人员因素、材料因素、机械因素、方法因素、环境因素等。

(3) 按照影响质量的主体又可以分为建设单位因素、总承包单位因素、分包单位因素、设计单位因素、监理单位因素、建设主管部门因素、使用科室因素等。

(4) 按照影响的发生条件又可以分为主观因素和客观因素等。

2. *层次分析法*

对于电网建设工程质量管理标准化评价指标的划分，使用层次分析法构建递阶层次分析结构模型，分为目标层、指标层和准则层三个层次。

（1）目标层评价分析法就是在电网建设工程质量评价层次结构模型中，将各参建单位质量管理标准化的水平为模型的目标，选取高层次的目标层。

（2）指标层评价分析法是结合工程质量验收规范、企业质量管理要求等将准则层的各因素进行具体的评价，从而进行判定。

（3）准则层评价分析法就是以管理机构与人员、质量管理行为、质量管理方法措施和实体质量四个标准化为基础。只有以上几项达到标准要求，工程质量管理标准化才能得到认可。

基于系统思维，在准则层可将电网建设工程项目质量管理标准化划分为管理机构与人员标准化、质量管理行为标准化、质量管理方法措施标准化和实体质量标准化四个部分。以管理机构与人员、质量管理行为、质量管理方法措施和实体质量标准化作为电网建设工程项目质量管理标准化评价的二级指标，往下再逐步分解为三级指标。以下分别阐述电网建设工程项目质量管理机构与人员标准化、质量管理行为标准化、质量管理方法措施标准化的指标体系。

1）管理机构与人员标准化是指建设、设计、施工、监理等参建单位在电网建设工程项目层面的质量管理机构设置、人员配备、职责分工、绩效考核标准等的规范化。

2）质量管理行为标准化是指各参建单位在工程质量管理对象、内容、技术要求等方面的明确和落实。包括质量技术管理和质量过程管理。企业应高度重视技术管理工作，并通过技术进步、技术创新不断提高施工质量。同时，企业应以“目标管理，过程控制，阶段考核，持续改进”，即 PDCA 循环的动态管理方式进行施工过程的质量管理，不断提高质量管理水平。

3）质量管理方法措施标准化是指各参建单位关于工程质量管理的制度建设、体系认证、流程梳理、激励机制、信息技术应用等管理方式、方法与手段；质量管理首先应建立健全的质量管理制度和质量管理体系，采取一系列措施来保证质量管理体系的正常运行，再采用合理、科学的质量检验方法进行企业质量自检，同时引入质量管理信息技术，提高企业质量管理信息化水平。

4）实体质量标准化是指电网建设工程项目质量管理最终应达到的效果，主要体现为工程实体质量应达到国家标准、规范的要求。其作为工程质量形成阶段的控制主体，通过质量管理自查与评价，对自身工程质量进行控制和监督。目标是达到工程合同中约定的质量目标，使企业质量管理高效、有序，同时对达标、不达标的项目进行奖励和惩罚；质量投诉和事故处理也应作为衡量企业质量管理效果的指标之一。

8.1.4　指标评分标准的设定原则

及时总结具有推广价值的工作方案、管理制度、指导图册、实施细则和工作手册等质量管理标准化成果，建立基于质量管理行为标准化和工程实体质量控制标准化为核心内容的评价办法和评价标准，对工程质量管理标准化的实施情况及效果开展评价，评价结果作

为企业评先、诚信评价和项目创优等重要参考依据。评分表结构见表8－1。

表8－1　　评分表结构

准则层（二级）	指标层（三级）	评价内容	基准分	评分标准	实得分	得分率（基准分/实得分×100%）
管理机构与人员标准化	管理机构的设立	1. 管理机构的设立文件 2. 管理机构负责人的授权文件	10	1. 无管理机构的设立文件，扣5分 2. 无管理机构负责人的授权文件，扣5分		
	人员职责分工及配备数量	1. 人员职责划分 2. 管理机构人员配备数量与项目管理需求相适应	20	1. 管理机构人员配置数量不满足项目管理需求，扣5分 2. 无专职质量管理人员，扣5分 3. 人员职责划分不明确，扣5分 4. 人员出勤率不满足项目管理需求，扣5分		
	人员持证	资格证书	10	各级人员持证与岗位不对应，扣1分/人次		

8.1.5　质量评价指标权重确定的方法

基于对质量管理评价的技术方法综合分析，使用层次分析法对指标权重进行确定较为合适。

1. 建立比较矩阵

应用问卷评分法对层次分析结构模型的各个评价指标进行分析，问卷评分以层次分析法为基本依据，将每一层级中的各个评价指标进行相互比较，在问卷中采用了九个标度进行评价在标度的使用上，也有采用不同的分值的标度划分方式，见表8－2。

表8－2　　标度及其含义划分表

标　度	含　义	说　　明
0.5	同样重要	两个元素相比较，前者与后者具有同样的重要性
0.6	稍微重要	两个元素相比较，前者比后者稍微重要
0.7	明显重要	两个元素相比较，前者比后者明显重要
0.8	重要得多	两个元素相比较，前者比后者重要得多
0.9	极端重要	两个元素相比较，前者比后者极端重要
0.1、0.2、0.3、0.4	对应相反	影响程度按照 r_{ij} 和 $r_{ji}=1-r_{ij}$ 的对应关系相反

选择其中一种标度进行相对重要性分析。以其中一个专家评分结果中的环境因素为例，标度矩阵表见表8－3。

表 8－3　　标度矩阵表

Z	B1	B2	B3	B4
B1	0.5	r_{12}	r_{13}	r_{14}
B2	r_{21}	0.5	r_{23}	r_{24}
B3	r_{31}	r_{32}	0.5	r_{34}
B4	r_{41}	r_{42}	r_{43}	0.5

2. 计算各层次指标的单排序权重值

根据上述数量标度，将指标 X_1，X_2，…，X_n 相对上一层指标 T 的两两比较结果组成模糊矩阵 R 为

$$R=\begin{bmatrix} r_{11}r_{12}\cdots r_{1n} \\ r_{21}r_{22}\cdots r_{2n} \\ \vdots \\ r_{n1}r_{n2}\cdots r_{nn} \end{bmatrix}$$

R 的性质如下：

(1) $\forall i(i=1,2,\cdots,n)$，有 $r_{ii}=0.5$。

(2) $\forall i,j(i,j=1,2,\cdots,n)$，有 $r_{ij}+r_{ji}=1$。

(3) R 的第 i 行和第 j 列元素之和为 n。

(4) $R^{T}=R^{C}$，且均为模糊一致矩阵，其中 R^{T} 为 R 的转置矩阵，R^{C} 为 R 的余矩阵。

(5) 从 A 中划掉任意一行及其对应列所得的子矩阵仍然是模糊一致矩阵。

(6) R 满足中分传递性，即

1) 当 $\lambda>0.5$ 时，若 $r_{ij}>\lambda$，$r_{ji}>\lambda$，则有 $r_{ik}>\lambda$。

2) 当 $\lambda\leqslant 0.5$ 时，若 $r_{ij}\leqslant\lambda$，$r_{ji}\leqslant\lambda$，则有 $r_{ik}\leqslant\lambda$。

得到模糊一致矩阵 $R_{ij}=(r_{ij})_{m\times n}$，由矩阵 R 采用行和归一化求得的排序向量 $W=(w_1,w_2,\cdots,w_n)^{T}$，满足：

$$w_i=\frac{1}{n}-\frac{1}{2\alpha}+\frac{1}{n\alpha}\times\sum_{k=1}^{n}r_{ik}，\ i=1，2，3，\cdots，n$$

W_i 为各指标的权重。

质量标准化指标权重见表 8－4。

表 8－4　　质量标准化指标权重表

目标层（一级）	准则层（二级）	权重	指标层（三级）	权　重	总 权 重
以建设单位为例	管理机构与人员标准化 B1	w_1	C11	w_{11}	$w_{11}\times w_1$
			C12	w_{12}	$w_{12}\times w_1$
			⋮	⋮	⋮
			C1n	w_{1n}	$w_{1n}\times w_1$

续表

目标层（一级）	准则层（二级）	权重	指标层（三级）	权　重	总 权 重
以建设单位为例	质量管理行为标准化 B2	w_2	C21	w_{21}	$w_{21}\times w_2$
			C22	w_{22}	$w_{122}\times w_2$
			⋮	⋮	⋮
			C2n	w_{2n}	$w_{2n}\times w_2$
	质量管理方法措施标准化 B3	w_3	C31	w_{31}	$w_{31}\times w_3$
			C32	w_{32}	$w_{32}\times w_3$
			⋮	⋮	⋮
			C3n	w_{3n}	$w_{3n}\times w_3$
	实体质量标准化 B4	w_4	C41	w_{41}	$w_{41}\times w_4$
			C42	w_{42}	$w_{42}\times w_4$
			⋮	⋮	⋮
			C4n	w_{4n}	$w_{4n}\times w_4$

8.1.6 评价结果评定的方法

确定了各个因素指标的权重后，通过汇总经过权重计算的得分率进行判定级别，当有多名专家对同一指标进行评价时，采用模糊综合评价法进行质量评价结果评定。模糊综合评价法步骤如下：

1. 确定因素集

确定因素集 $U=\{U_1,U_2,\cdots,U_m\}$，其中 U_i 表示对被评价目标有影响的第 i 个因素。

这一步是建立指标体系，确定评价的目标和目标的各级因素指标因素集为 $U=\{U_1,U_2,U_3,U_4\}$={管理机构与人员,质量管理行为,质量管理方法措施,实体质量} 其中，各一级指标又分别由各自的二级指标组成，表达为：$U_n=\{U_{n1},U_{n2},U_{n3},\cdots,U_{nn}\}$。

2. 确定评语集

确定评语集为 $V=\{V_1,V_2,\cdots,V_p\}$，其中 V_j 表示评价的第 j 个等级。

在工程项目质量评价中，设定评语集为 $V=\{\text{AAAAA},\text{AAAA},\text{AAA},\text{AA},\text{A}\}$

3. 进行单因素评判，建立模糊评价矩阵

单独从一个因素出发进行评判，以确定评判对象对被选元素的隶属程度，称为单因素评判。通过单因素评判，确定每个因素对于各评价等级的隶属度。模糊矩阵为

$$R=(R_1,\ R_2,\ \cdots,\ R_n)^{\mathrm{T}}=\begin{bmatrix} r_{11} & r_{12} & \cdots & r_{1p} \\ r_{21} & r_{22} & \cdots & r_{2p} \\ & & \vdots & \\ r_{n1} & r_{n2} & \cdots & r_{np} \end{bmatrix}_{n\times p}$$

4. 一级模糊综合评价

一级模糊综合评判，实际上是为了处理指标的模糊性，通过综合一个指标的各个等级对评价结果取值的贡献作出的一种单因素评判。

在上述结算结果的基础上，将 W 和 R 合成得到评判结果。

$$B=WR=(b_1,b_2,\cdots,b_p)$$

表示对事物的模糊评判。对一级指标中的各个二级指标的各个等级模糊字集进行综合评判，得到如下结果：

$$B_i=[b_1,\ b_2,\ \cdots,\ b_p]_i=[w_1,\ w_2,\ \cdots,\ w_n]\cdot\begin{bmatrix} r_{11} & r_{12} & \cdots & r_{1p} \\ r_{21} & r_{22} & \cdots & r_{2p} \\ & & \vdots & \\ r_{n1} & r_{n2} & \cdots & r_{np} \end{bmatrix}_i$$

式中　b_k——第 i 个二级指标的评定中，对评语集中第 k 级评语的隶属度。

5. 二级模糊综合评判

在进行一级模糊综合评判之后，综合评判了二级指标各个等级的贡献，为了综合评判一级指标对评价结果的影响程度，还需要进行二级模糊综合评判。将一级评判结果组成二级模糊综合评判的评判矩阵 W'，R'表示各个一级指标对评价结果的影响权重组成的判断矩阵，则

$$B'=W'R'=(a_1,\ a_2,\ \cdots)\begin{bmatrix} B_1 \\ B_2 \\ \vdots \end{bmatrix}=(b_1,\ b_2,\ \cdots)$$

即得二级模糊综合评判集，再根据隶属度最大的原则可得评语集中所对应的评价等级。

8.1.7　确定综合评价结果

根据综合考核分数的高低，将评价结果分为“AAAAA”“AAAA”“AAA”“AA”“A”5 个等级。评价等级见表 7 - 12。评价等级含义见表 7 - 13。

8.1.8　指标缺失处理方法

评价过程中可能存在某些评价指标不适用或不存在该种情况，应将该项指标的权重分摊到其他同一级指标，使该层指标的权重之和仍为 1。指标体系及其权重分配见表 8 - 5。

表 8 - 5　　**指标体系及其权重分配表**

指　标	原权重/%	是否缺失	现权重
A	35	是	0
B	25	否	$38.46\%=\frac{25}{100-35}$

续表

指　标	原权重/%	是否缺失	现权重
C	20	否	$30.77\%=\frac{20}{100-35}$
D	20	否	$30.77\%=\frac{20}{100-35}$

8.1.9 质量管理标准化评价审核员聘用、职责和管理的方法

8.1.9.1 审核员的聘用

1. 审核员入选条件

(1) 拥护党的路线和方针，热爱电力建设事业。

(2) 熟悉电力建设程序、质量管理内容，有丰富的实践经验，精通政策、法规，以及有关规定和标准，精通电力建设某一专业。

(3) 逻辑思维敏捷，语言表达能力强，有一定的文字功底。

(4) 身体健康，在精力和时间上能够保证参与标准审查工作及有关活动。

2. 审核员入选优先条件

(1) 担任国家优质产品、中国建设工程鲁班奖及其他奖项的省部级评审审核员。

(2) 在相关的专业技术领域有较高知名度和权威性的审核员。

3. 审核员聘任程序

(1) 根据公司统一安排，由南网能源院向各分子公司及有关单位等推荐单位发送征集通知。

(2) 被推荐的审核员填写《审核员推荐表》。

(3) 推荐单位初审并出具意见后将审核员材料报送南网能源院。

(4) 南网能源院组织评审并公示后，报公司基建部审核批准。

(5) 由南网能源院根据批准结果书面通知审核员和推荐单位，并向审核员颁发聘书。

8.1.9.2 审核员职责

(1) 参加电网建设工程质量管理标准化评价活动。

(2) 对电网建设工程质量管理标准化评价活动提出意见、建议。

(3) 服从审核员库管理要求。

8.1.9.3 审核员管理

(1) 审核员库人员实行动态管理，入库审核员每届任期2年，任期结束时由协会组织复审，符合任职条件的审核员可连聘连任。

(2) 审核员库每年组织一次审核员信息集中更新。系统通过短信、邮件等方式通知在库审核员，确认审核员单位、职务、联系方式等关键信息变更情况，并对系统所提供的最新标准编制情况进行核实确认。

(3) 当有审核员退出，相关专业技术领域的审核员数量不足，或根据需要新增设专业技术类别时，可及时进行审核员增补。

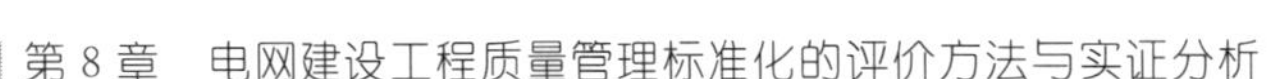

（4）有下列情况之一者，经综合评估和审批，为其办理退库手续：

1）因个人原因不再符合审核员的基本条件者。

2）通知参加评价工作，无故不出席或连续 3 次不能出席者。

3）严重违反职业操守，徇私舞弊、弄虚作假、谋取私利者。

4）其他原因不再适合担任审核员者。

8.2　电网建设工程质量管理标准化评价实证分析

8.2.1　问卷基本信息

采用网上调查方式，分别向已从事工程质量监督工作或研究多年的专家进行意见征询，回收调查问卷 20 份。

8.2.2　指标权重处理

利用判断者给出的判断矩阵，对各层次各因素的相对重要性进行分析，确定各层次各因素相对重要性的权重，产生比较主要的指数表，通过判断结果，确定各层次各因素相对主要的总体排序。分别统计 20 份有效问卷中，管理机构与人员、质量管理行为、质量管理方法措施、实体质量标准化四个二级指标重要性评价的平均值，再根据平均值进行权重分配，求得四个一级指标的权重 W_1、W_2、W_3、W_4。有效问卷打分平均值统计情况见表 8－6。

本书所列指标权重值是依据理论分析，经专家打分法计算后得出的建议值。在实际评价工作中，评价组织单位、评价专家组可以根据项目类型、规模、技术特点等进行合理调整。本报告的指标体系、指标权重值也会在后续进一步研究中，结合行业质量管理发展的新形势、新技术、新方法等进行修正和完善。

表 8－6　　有效问卷打分平均值统计表

维　　度	管理机构与人员 B1	质量管理行为 B2	质量管理方法措施 B3	实体质量 B4
管理机构与人员 B1	0.5	0.35	0.5	0.35
质量管理行为 B2	0.65	0.5	0.65	0.5
质量管理方法措施 B3	0.5	0.35	0.5	0.35
实体质量 B4	0.65	0.5	0.65	0.5

根据有效问卷打分平均值统计表构建模糊矩阵 R 为

$$R=\begin{bmatrix}0.5 & 0.35 & 0.5 & 0.35\\0.65 & 0.5 & 0.65 & 0.5\\0.5 & 0.35 & 0.5 & 0.35\\0.65 & 0.5 & 0.65 & 0.5\end{bmatrix}$$

基于模糊矩阵 R，结合公式 $w_i=\frac{1}{n}-\frac{1}{2\alpha}+\frac{1}{n\alpha}\times\sum_{k=1}^{n}r_{ik}$，$i=1，2，3，\cdots，n$，可得二级指标权重值，见表 8-7。

表 8-7　　二级指标权重值统计表

准则层（二级）	权　重	准则层（二级）	权　重
管理机构与人员 B1	0.2	质量管理方法措施 B3	0.2
质量管理行为 B2	0.3	实体质量 B4	0.3

同理，依次计算出各参建单位管理机构与人员标准化、质量管理行为标准化、质量管理方法措施标准化、实体质量标准化四个二级指标下的三级指标权重值，见表 8-8～表 8-11。

表 8-8　　建设单位三级指标权重表

目标层（一级）	准则层（二级）	权重	指标层（三级）	权重	总权重
建设单位	管理机构与人员标准化 B1	0.2	管理机构的设立	0.2	0.04
			人员职责分工及配备数量	0.4	0.08
			人员持证	0.3	0.06
	质量管理行为标准化 B2	0.3	质量目标	0.05	0.015
			决策质量	0.07	0.021
			招投标质量	0.07	0.021
			合同质量	0.04	0.012
			造价质量	0.05	0.015
			培训质量	0.03	0.009
			质量检查	0.05	0.015
			质量改进	0.05	0.015
			档案质量	0.05	0.015
			质量标准	0.03	0.009
			进度质量	0.06	0.018
			设备材料质量	0.06	0.018
			策划质量	0.08	0.024
			设计质量	0.05	0.015
			管理质量	0.06	0.018
			检测质量	0.05	0.015
			验收质量	0.08	0.024
			协调质量	0.07	0.021

续表

目标层（一级）	准则层（二级）	权重	指标层（三级）	权重	总权重
建设单位	质量管理方法措施标准化 B3	0.2	质量责任追溯制度	0.15	0.03
			信息化应用	0.25	0.05
			质量管理体系建设	0.15	0.03
			经济激励措施	0.2	0.04
			其他制度建设	0.25	0.05
	实体质量标准化 B4	0.3	质量目标完成情况	0.15	0.045
			运行质量	0.1	0.03
			质量事故事件	0.1	0.03
			质量奖项	—	
			其他奖项	—	
			“五新”应用	—	
			性能检测	0.2	0.06
			质量记录	0.15	0.045
			允许偏差	0.2	0.06
			观感质量	0.1	0.03

表 8－9　　设计单位三级指标权重表

目标层（一级）	准则层（二级）	权重	指标层（三级）	权重	总权重
设计单位	管理机构与人员标准化 B1	0.2	设计单位的资质等级	0.2	0.04
			管理机构的设立	0.2	0.04
			人员职责分工及配备数量	0.3	0.06
			人员持证	0.3	0.06
	质量管理行为标准化 B2	0.3	质量目标	0.05	0.015
			招投标质量	0.05	0.015
			合同质量	0.05	0.015
			造价质量	0.1	0.03
			培训质量	0.05	0.015
			质量检查	0.07	0.021
			质量改进	0.04	0.012
			档案质量	0.04	0.012
			质量标准	0.05	0.015
			进度质量	0.04	0.012
			策划质量	0.09	0.027
			设备材料质量	0.08	0.024
			规划设计质量	0.1	0.03
			设计变更质量	0.08	0.024
			协调质量	0.06	0.018
			验收质量	0.05	0.015

续表

目标层（一级）	准则层（二级）	权重	指标层（三级）	权重	总权重
设计单位	质量管理方法措施标准化 B3	0.2	质量责任追溯制度	0.15	0.03
			信息化应用	0.25	0.05
			质量管理体系建设	0.15	0.03
			经济激励措施	0.2	0.04
			其他制度建设	0.25	0.05
	实体质量标准化 B4	0.3	质量目标完成情况	0.15	0.045
			运行质量	0.1	0.03
			质量事故事件	0.1	0.03
			质量奖项	—	
			其他奖项	—	
			“五新”应用	—	
			使用功能评价	0.15	0.045
			设计深度评价	0.15	0.045
			设计成品评价	0.15	0.045
			设计文件评价	0.2	0.06

表 8-10　　施工单位三级指标权重表

目标层（一级）	准则层（二级）	权重	指标层（三级）	权重	总权重
施工单位	管理机构与人员标准化 B1	0.2	施工单位的资质等级	0.2	0.04
			管理机构的设立	0.2	0.04
			人员职责分工及配备数量	0.3	0.06
			人员持证	0.3	0.06
	质量管理行为标准化 B2	0.3	质量目标	0.05	0.015
			招投标质量	0.03	0.009
			合同质量	0.03	0.009
			造价质量	0.05	0.015
			培训质量	0.04	0.012
			质量检查	0.07	0.021
			质量改进	0.07	0.021
			档案质量	0.05	0.015
			质量标准	0.05	0.015
			进度质量	0.05	0.015
			工器具质量	0.06	0.018
			设备材料质量	0.05	0.015
			机械设备质量	0.04	0.012
			策划质量	0.05	0.015

续表

目标层（一级）	准则层（二级）	权重	指标层（三级）	权重	总权重
施工单位	质量管理行为标准化 B2	0.3	过程管理质量	0.08	0.024
			检测质量	0.05	0.015
			人员管理质量	0.07	0.021
			分包管理质量	0.07	0.021
			验收质量	0.04	0.012
	质量管理方法措施标准化 B3	0.2	质量责任追溯制度	0.15	0.03
			信息化应用	0.25	0.05
			质量管理体系建设	0.15	0.03
			经济激励措施	0.2	0.04
			其他制度建设	0.25	0.05
	实体质量标准化 B4	0.3	质量目标完成情况	0.15	0.045
			运行质量	0.1	0.03
			质量事故事件	0.1	0.03
			质量奖项	—	
			其他奖项	—	
			“五新”应用	—	
			性能检测	0.2	0.06
			质量记录	0.15	0.045
			允许偏差	0.2	0.06
			观感质量	0.1	0.03

表 8-11　　监理单位三级指标权重表

目标层（一级）	准则层（二级）	权重	指标层（三级）	权重	总权重
施工单位	管理机构与人员标准化 B1	0.2	监理单位的资质等级	0.2	0.04
			管理机构的设立	0.2	0.04
			人员职责分工及配备数量	0.3	0.06
			人员持证	0.3	0.06
	质量管理行为标准化 B2	0.3	质量目标	0.04	0.012
			投标质量	0.03	0.009
			合同质量	0.03	0.009
			造价质量	0.05	0.015
			培训质量	0.04	0.012
			质量检查	0.07	0.021

续表

目标层（一级）	准则层（二级）	权重	指标层（三级）	权重	总权重
施工单位	质量管理行为标准化 B2	0.3	质量改进	0.03	0.017
			档案质量	0.05	0.015
			质量标准	0.06	0.018
			进度质量	0.06	0.010
			监理配备质量	0.05	0.015
			策划质量	0.06	0.018
			审查质量	0.09	0.027
			旁站见证质量	0.06	0.018
			过程管理质量	0.09	0.027
			协调质量	0.07	0.021
			验收质量	0.07	0.021
			项目总结质量	0.05	0.015
	质量管理方法措施标准化 B3	0.2	质量责任追溯制度	0.15	0.03
			信息化应用	0.25	0.05
			质量管理体系建设	0.15	0.03
			经济激励措施	0.2	0.04
			其他制度建设	0.25	0.05
	实体质量标准化 B4	0.3	质量目标完成情况	0.1	0.03
			运行质量	0.1	0.03
			质量事故事件	0.15	0.045
			质量奖项	—	
			其他奖项	—	
			“五新”应用	—	
			性能检测	0.2	0.06
			质量记录	0.15	0.045
			允许偏差	0.2	0.06
			观感质量	0.1	0.03

8.2.3 电力企业质量管理标准化评价评分汇总及结果分析

1. 电力企业质量管理标准化总体评价结果

评分汇总包括两部分：

(1) 对有效问卷平均值打分进行汇总。

(2) 选取五名专家对同一企业的打分进行汇总。依据级别评判标准［95 分（含）以上为AAAAA级；90（含）至95分为AAAA级；80（含）至90分为AAA级；70（含）至80分为AA级；60（含）至70分为A级，低于60分，不评级〕结果见表8-12。

表8-12　企业质量管理标准化总体评价结果

评价结果	评价人员					
	平均评价	专家1	专家2	专家3	专家4	专家5
评价总分（100分）	80.74	84.3	79.6	79.1	78.4	82.3
级别	AAA	AAA	AA	AA	AA	AAAA

企业质量管理标准化总体平均评价总分为80.74分，对应评价级别为AA级，表明根据五名专家的综合评估，认为企业的质量管理标准化水平能达到AAA级标准，指质量管理标准化的各方面均处于较高水平，但也存在个别问题。根据评价扣分进行分析，该年度目标基本完成，质量管理体系基本运行正常，但存在管理内容缺失、管理方法陈旧、管理流程不规范等问题，与该企业上一年度南方电网公司承包商评价排名基本一致。

2. 企业质量管理标准化二级指标评价结果

二级指标满分均设为100分，由该二级指标下分的各个三级指标的得分总和组成，结果见表8-13。企业质量管理标准化总体平均评价在管理机构与人员标准化、质量管理行为标准化、质量管理方法措施标准化和实体质量标准化四项二级指标的评分均合格，其中实体质量标准化一项因计入工程质量获奖加分，故分值较高。其中，该企业在管理机构与人员标准化评分较低，基于扣分项进行分析，主要问题在于人员到位率未能达到要求。

表8-13　企业质量管理标准化评价二级指标评价结果

二级指标	评价人员					
	平均评价	专家1	专家2	专家3	专家4	专家5
管理机构与人员标准化（20分）	13.8	15	12	13	14	15
质量管理行为标准化（30分）	23.8	25	25	24	22	23
质量管理方法措施标准化（20分）	15.2	16	15	14	15	16
实体质量标准化（30分）	27.94	28.3	27.6	28.1	27.4	28.3
评价总分（100）	80.74	84.3	79.6	79.1	78.4	82.3

3. 企业质量管理标准化三级指标评价结果

由于每个二级指标下都有多个三级指标，总体数量较多，在此仅列出企业管理机构与人员标准化二级指标之下的三级指标得分情况，见表8-14。平均来看，企业资质管理较好，而人员职责分工及配备数量、人员持证、管理机构设立三个指标的得分不高，尤其是人员职责分工及配备数量指标得分很低，说明管理人员到位和职责分工存在缺失。

表 8-14　　企业质量管理管理机构与人员标准化三级指标评价结果

三级指标	评价人员					
	平均评价	专家1	专家2	专家3	专家4	专家5
单位的资质等级（指标权重 0.04）	100	100	100	100	100	100
管理机构的设立（指标权重 0.04）	67.8	74	55	60	70	80
人员职责分工及配备数量（指标权重 0.06）	53	60	40	50	55	60
人员持证（指标权重 0.06）	65.2	74	57	60	65	70
管理机构与人员评价分值	13.8	15	12	13	14	15

注　管理机构与人员标准化指标总权重为 0.2。

8.2.4 电力工程项目质量管理标准化评价评分汇总及结果分析

1. 电力工程项目质量管理标准化总体评价结果

选取五名专家对同一工程的质量管理标准化水平进行评价，结果见表 8-15。

表 8-15　　电力工程项目质量管理标准化总体评价结果

评价结果	评价人员					
	平均评价	专家1	专家2	专家3	专家4	专家5
建设单位（100分）	86.14	85.3	86.3	85.4	86.6	87.1
设计单位（100分）	84.3	83.6	84.3	84.6	85.1	83.9
施工单位（100分）	78.64	79.6	78.5	77.6	78.9	78.6
监理单位（100分）	81.32	82.2	82.5	80.3	77.4	84.2
评价总分（100分）	82.6	82.675	82.9	81.975	82	83.45
级别	AAA	AAA	AAA	AAA	AAA	AAA

电力工程项目质量管理标准化总体平均评价总分为 82.6 分，对应评价级别为 AAA 级，表明大部分专家认为该项目的质量管理标准化工作能达到较高水平，核对扣分项，主要表现在项目质量目标基本完成，质量管理体系基本运行正常，但存在质量管理行为缺失、管控文件缺失等问题，质量管理标准化工作仍有改进空间。

五名专家的评价中，一致认为施工单位的质量管理标准化水平较其他单位低，说明各参建单位应加强对施工单位的管理工作。

2. 电力工程项目质量管理标准化二级指标评价结果

一级指标满分均设为 100 分，由该一级指标下分的各个二级指标的得分总和组成，对各一级指标打分进行汇总。选取其中监理单位的评分情况进行展示，电力工程项目质量管理标准化总体平均评价在管理机构与人员标准化、质量管理行为标准化、质量管理方法措施标准化、实体质量标准化得分见表 8-16。该项目监理单位的得分相对平均，综合水平

较高，但仍存在管理不足。

3. 电力工程项目质量管理标准化二级指标评价结果对比分析

由于每个二级指标下都有多个三级指标，总体数量较多，在此仅列出电力工程项目参建单位管理机构与人员标准化二级指标的得分情况，见表 8 - 17。施工单位管理机构与人员的得分较其他三个参建单位低，与施工单位整体质量管理标准化评价得分相对应，进一步反映出该项目施工单位的质量管理标准化工作应向其他参建单位看齐，以进一步提高项目整体质量管理标准化水平。

表 8 - 16　　电力工程项目监理单位质量管理标准化评价二级指标评价结果

二级指标	评价人员					
	平均评价	专家 1	专家 2	专家 3	专家 4	专家 5
管理机构与人员标准化（20 分）	15.8	16	15	16	16	16
质量管理行为标准化（30 分）	25	25	26	25	23	26
质量管理方法措施标准化（20 分）	15.2	16	15	14	15	16
实体质量标准化（30 分）	25.32	25.2	26.5	25.3	23.4	26.2
评价结果	81.32	82.20	82.50	82.30	77.4	84.20

表 8 - 17　　电力工程项目质量管理管理机构与人员标准化二级指标评价结果

二级指标	评价人员					
	平均评价	专家 1	专家 2	专家 3	专家 4	专家 5
建设单位管理机构与人员（20 分）	17.6	17	18	19	18	16
施工单位管理机构与人员（20 分）	14.8	14	15	16	14	15
监理单位管理机构与人员（20 分）	15.8	16	15	16	16	16
设计单位管理机构与人员（20 分）	17.0	16	17	17	18	17

注　各参建单位管理机构与人员指标的满分分值为 20 分。

第9章 电网建设工程质量管理标准化评价体系实施指引

本书通过实证分析，验证了电网建设工程质量管理标准化评价体系的可操作性和有效性，为进一步固化运行机制，本章结合各项研究成果，主要介绍了电网建设工程质量管理标准化评价体系实施指引。

9.1 评价范围

电网建设工程质量管理标准化评价体系实施指引（以下简称“指引”）针对电网建设工程的实施阶段，从电网建设工程的质量管理层面，以管理机构与人员标准化、质量管理行为标准化、质量管理方法措施标准化和实体质量标准化为主要内涵，从建设单位、设计单位、施工单位、监理单位四个维度出发，构建形成了16个单元，151个要素的电网建设工程质量管理标准化评价指标体系，通过规范电网建设工程质量管理标准化评价的管理机构与人员、质量管理行为、质量管理方法措施和实体质量，为各企业开展质量管理标准化评价工作提供了参考依据和指导。

本指引适用于主要从事电网建设工程的企业和具体电网建设工程项目。

9.2 主要依据

主要依据包括工程建设质量管理法律、法规、规章、规范性文件、部分企业质量管理评价体系以及电网建设工程项目质量管理措施，见表9-1。

表9-1　主要依据

一、国家法律、法规、指令性文件	
序号	文件名称
1	《中华人民共和国建筑法》
2	《中华人民共和国招标投标法》

续表

序号	文 件 名 称
3	《建设工程质量管理条例》
4	《建设工程勘察设计管理条例》
5	《中共中央国务院关于开展质量提升行动的指导意见》
6	《国务院关于加强质量认证体系建设促进全面质量管理的意见》（国发〔2018〕3 号）
7	《住房城乡建设部关于开展工程质量管理标准化工作的通知》（建质〔2017〕242 号）
二、国家及行业规程、规范、标准、规定	
1	《国家优质工程奖评选办法》
2	《中国建设工程鲁班奖（国家优质工程）评选办法》
3	《中国安装工程优质奖（中国安装之星）评选办法》
4	《中国电力优质工程评审办法》
5	《电力建设科学技术进步奖评审办法》
6	《电力建设新技术应用专项评价办法》
7	《电力建设工程达标投产管理办法》
8	《建筑工程施工质量评价标准》
9	《电力建设工程质量评价管理办法》
10	《电力建设工程质量监督规定》
11	《电力建设工程质量监督检查典型大纲》
12	《建筑工程施工组织设计规范》
13	《电力建设消除施工质量通病守则》
14	《电力建设施工质量验收及评定规程》
15	《建设工程监理规范》
16	《建设工程项目管理规范》
17	《科学技术档案案卷构成的一般要求》
18	《国家重大建设项目文件归档要求与档案整理规范》
19	《建筑工程施工质量验收统一标准》
20	《电力建设全过程质量控制示范工程管理办法》
21	《电力建设房屋工程质量通病防治工作规定》
22	《输变电工程质量监督检查大纲》
23	《电网建设工程监理规范》
24	《电力建设施工质量验收及评价规程》
25	《工程建设标准强制性条文　房屋建筑部分》
26	《工程建设标准强制性条文　电网建设工程部分》
三、公司企业标准	
1	《中国南方电网有限责任公司基建管理规定》（Q/CSG 213003—2017）
2	《中国南方电网有限责任公司基建技术管理办法》（Q/CSG 213002—2017）

续表

序号	文件名称
3	《中国南方电网有限责任公司基建安全管理办法》(Q/CSG 213004—2017)
4	《中国南方电网有限责任公司基建工程验收管理办法》(Q/CSG 213005—2017)
5	《中国南方电网有限责任公司基建设计管理办法》(Q/CSG 213006—2017)
6	《中国南方电网有限责任公司基建项目进度管理办法》(Q/CSG 213007—2017)
7	《中国南方电网有限责任公司基建造价管理办法》(Q/CSG 213008—2017)
8	《中国南方电网有限责任公司基建质量管理办法》(Q/CSG 213009—2017)
9	《中国南方电网有限责任公司 10kV～500kV 输变电及配电工程质量验收与评定标准》(Q/CSG 411002—2012)
10	《中国南方电网有限责任公司电网建设施工作业指导书》(南方电网基建〔2012〕28 号)
11	《中国南方电网有限责任公司基建工程质量控制(WHS)标准》(Q/CSG 1202001—2017)
12	《中国南方电网有限责任公司基建工程监理工作典型表式(2015 版)》

9.3 相关概念

1. 企业质量管理

企业质量管理是指企业各部门对施工各环节、各阶段采取组织协调和控制的系统管理手段的总称，目的在于经济、高效地建造出符合设计要求和标准、满足用户需求、质量合格的电网建设工程。

2. 标准化

依据《标准化工作指南　第 1 部分：标准化和相关活动的通用词汇》(GB/T 20000.1—2014)：标准化是指为了在既定范围内获得最佳秩序，促进共同效益，对现实问题或潜在问题确立共同使用和重复使用的条款以及编制、发布和应用文件的活动。标准化实施的依据是标准化文件，包括标准和其他标准化文件。标准化的主要效益是达到产品、过程或服务的预期目的，并提高生产、经营和服务的管理水平。

3. 电力企业质量管理标准化

电力企业质量管理标准化是指按照标准化要求，将企业的质量管理活动统一化、标准化的过程。其目的是使管理方式、操作方式、质量控制流程、施工现场作业环境满足规定要求。本指引主要内涵界定为四个方面：管理机构与人员标准化、质量管理行为标准化、质量管理方法措施标准化和实体质量标准化。

4. 电力企业质量管理标准化评价

电力企业质量管理标准化评价是指为全面、准确地掌握工程建设相关的企业实施质量管理的现状，运用所构建的电网建设工程质量管理标准化指标体系、方法和流程，对电力企业质量管理标准化的具体做法进行评估的活动。

5. 电网建设工程项目质量管理

电网建设工程项目质量管理是指在电网建设工程实施过程中，指挥和控制项目参与各方对质量进行相互协调的活动，包括为满足电网建设工程项目质量要求而开展的策划、组织、计划、实施、检查、监督和审核。电网建设工程项目质量管理是电网建设工程项目建设、勘察、设计、施工、监理等单位共同职责。

6. 电网建设工程项目质量管理标准化

电网建设工程项目质量管理标准化是指按照标准化要求，将电网建设工程项目质量管理活动统一化、标准化的过程。其目的在于规范管理方式、操作方式、质量控制流程和施工现场作业环境等，使质量管理达到相应效果。本指引将其主要内涵界定为四个方面：管理机构与人员标准化、质量行为标准化、质量管理方法措施标准化和实体质量标准化。

7. 电网建设工程质量管理标准化评价

电网建设工程质量管理标准化评价是指为全面、准确地掌握电网建设工程层面实施质量管理的现状，运用所构建的电网建设工程质量管理标准化指标体系、方法和流程，对电网建设工程质量管理标准化的具体做法进行评估的活动。

9.4　评价内容

1. 构建电网建设工程质量管理标准化评价体系

通过分析国家、行业关于电网建设工程质量管理标准化等法律法规和政策要求；对典型的工程质量管理创优工程、样板工程等进行考察分析、总结借鉴；确定适合公司并能实现标准化管理要求的评价指标体系建设总体思路。基于质量行为、工程实体质量控制为核心，结合国家政策要求和工程统一规划、统一建设、统一验收投产及统一管理的具体要求，构建电网建设工程质量管理标准化的综合评价指标体系，全面涵盖并准确反映工程全生命周期质量管理的主要要素。

（1）管理机构与人员标准化包括：企业资质与质量管理人员资格、管理机构、人员资格管理等。

（2）质量管理行为标准化包括：质量技术管理、质量过程管理等。

（3）质量管理方法措施标准化包括：质量管理制度、企质量管理体系建立和运行、信息化应用等。

（4）实体质量标准化包括：质量目标、质量考核与奖罚、质量投诉与事故处理、质量创优。

2. 制定电网建设工程质量管理标准化评价标准

结合电网建设工程质量管理标准化评价指标体系，从评价主体、评价内容、评价工作要求、保障措施等多个维度建立电网建设工程质量管理标准化评价机制，并确定各指标的评分、扣分或奖励加分的标准，作为评价打分的依据与准则。

9.5　评价主体

1. 企业质量管理标准化评价主体

企业电网建设工程质量管理标准化的形成和运作，必然要求有从事标准化评价管理的机构，统管企业质量管理评价工作，成立企业质量管理评价机构，对企业的质量管理水平进行评价。企业质量管理标准化评价的主体包括：

（1）企业自身（企业采用自检的方式）。

（2）上级总公司（总公司对分公司的评价）。

（3）建设管理单位（建设管理单位对参建企业的评价）。

2. 企业质量管理标准化评价对象

（1）企业质量管理标准化评价的对象包括：

1）企业采用自检的方式时，对象是企业本身。

2）企业总公司对分公司评价时，对象是下一级分公司。

3）建设管理单位对企业评价时，对象是各参建企业。

（2）因企业质量管理标准化评价需以企业项目为支撑，项目抽检要求如下：

1）基于企业发包或承接的项目类型，各类型项目不少于1个。

2）基于企业发包或承接的项目电压等级，同类型项目原则上以电压等级高的项目优先检查。

3. 电网建设工程项目评价主体

电网建设工程项目评价主体包括：

（1）公司评价组或第三方评价组。

（2）建设单位质量评价人。

（3）设计单位质量评价人。

（4）施工单位质量评价人。

（5）监理单位质量评价人。

4. 电网建设工程项目评价对象

（1）公司评价组或第三方评价组进行评价时，评价对象是子公司电网建设工程项目的质量管理工作。

（2）建设单位质量评价人进行评价时，评价对象是该电网建设工程项目层面建设单位的质量管理工作。

（3）设计单位质量评价人进行评价时，评价对象是该电网建设工程项目层面设计单位的质量管理工作。

（4）施工单位质量评价人进行评价时，评价对象是该电网建设工程项目层面施工单位的质量管理工作。

（5）监理单位质量评价人进行评价时，评价对象是该电网建设工程项目层面监理单位的质量管理工作。

9.6 评价流程

电网建设工程质量管理标准化评价流程分为三个阶段：准备工作、实施评价、结果反馈。

（1）准备工作阶段主要包括确定评价计划、评价小组的成员，确定评价时间，评价前文件准备。

（2）实施评价阶段主要工作内容为资料审查，现场检查，评分（评分表见附录B）与

评级。

（3）结果反馈阶段需要进行评价报告编制并指导质量管理改进。电网建设工程质量管理标准化评价工作流程如图 7-6 所示。

9.7　分级标准

9.7.1　评价方法

1. 指标评分法

将四个二级指标（管理机构与人员、质量管理行为、质量管理方法措施和实体质量标准化）设定满分 100 分，通过扣分方法进行评分，其中部分指标设置加分项。每个二级指标划分为若干个三级指标，以具有详细考核标准的三级指标作为最终评分项。根据三级指标的考核标准，按照监督机构的实际完成情况进行相应扣分或加分，扣分、加分后总评分不得超过 100 分。

2. 权重确定法

四个二级指标权重分配依次为 W_1、W_2、W_3、W_4，总和为 1。二级指标下属的若干个三级指标按照该指标重要性进行分值权重分配。三级指标评分汇总至二级指标，二级指标评分汇总至一级指标并计算得分 P。评价等级根据一级指标考核得分 Z 而评定，二级指标的权重分配及最终得分统计见表 7-10。

9.7.2　评价等级

根据综合考核分数的高低，将评价结果分为“AAAAA”“AAAA”“AAA”“AA”“A”5 个等级。质量管理标准化评价等级见表 7-12。

第10章 结论与展望

本书系统介绍了电网建设工程质量管理标准化评价体系的研究背景、基础理论、构建思路、体系内容、评价方法和运行机制等内容。重点围绕电网建设工程质量管理标准化评价体系开展的相关研究，得到了系统结论，并对电网建设工程质量管理标准化评价体系的发展提出了展望，为推动电网建设工程质量管理标准化评价体系发挥更大的价值。

10.1 结论

为全面了解工程建设行业质量管理的做法和现状，评估电网建设工程质量管理标准化和规范化的水平，本书以系统思维为指导，以电网建设工程为主要对象，以施工阶段为主要范围，从电网建设企业、电网建设工程项目两个层面，以管理机构与人员、质量管理行为、质量管理方法措施和实体质量四个方面为主要内涵，以建立层次指标体系和实施综合评价为主要方法，构建了电网建设工程质量管理标准化评价的指标体系和程序方法。针对企业质量管理标准化、电网建设工程项目质量管理标准化，分别运用建立的评价指标体系、程序和方法，开展问卷调查，收集实际素材，进行了评价和分析，初步评判了当前电网建设工程质量管理标准化的情况，得到了以下主要结论：

1. 解析了电网建设工程质量管理标准化的概念和意义

电网建设工程质量管理标准化的概念中，工程质量管理是载体，标准化是手段；工程质量管理是任务，标准化是预期目标。工程质量管理是指为确保工程建设的行为质量和实体质量两个方面的目标而实现的管理工作。标准化是指具体化、规范化，强调工作的共性但又不失个性。标准化与管理之间相互关联，一方面依托于制定标准、明确标准要求和流程等来改进管理工作；另一方面总结管理工作中具有通用性、可复制性、可推广性的经验上升为规范、标准化，进而推广应用以产生更大的管理效益。在解析这些概念的基础上，企业、项目都应推行标准化，提升标准化，并经常性检验自身推行标准化的水平与效果。

2. 解析了电网建设工程质量管理标准化的主要内涵

依据当前各行业都采用的全面质量管理（TQM）理论，凡是工程建设活动的参与主体、实施阶段、资源要素、管理内容、程序方法等都属于工程质量管理的范围，因而工程质量管理涉及不同的主体类型、层次、实施阶段、管理内容等，内涵丰富。基于系统论，按系统-子系统-分子系统-管理要素的管理问题分解思维，本课题将电网建设工程质量管理标准化从四个维度进行分解，即管理机构与人员、质量管理行为、质量管理方法措施和实体质量。电网建设工程质量管理标准化的核心是要广泛寻求工程质量管理的通用理论、方法、经验、措施等，上升为执行标准再反过来促进质量管理提升，可以从管理机构与人员、质量管理行为、质量管理方法措施和实体质量四个方面来开展。管理机构与人员又可分解为组织机构、人员配备、资格管理、绩效考核等，质量管理行为又可分解为管理体系构建、过程控制等，以此类推，逐步将工程质量管理这个大问题分解为具体、明确的管理要素。

3. 建立了电网建设工程质量管理标准化评价的指标体系

以电网建设工程质量管理标准化的系统分解和内涵界定为基础，明确电网建设工程质量管理标准化评价指标体系结构，分别构建企业质量管理标准化、电网建设工程项目质量管理标准化评价指标体系。为全面、准确反映工程质量管理的主要要素，并结合工程质量管理的行业实际情况，分别在企业质量管理、电网建设工程项目质量管理的概念界定、内涵分析、现状分析等基础上，从质量管理机构与人员标准化、质量管理行为标准化、质量管理方法措施标准化、实体质量标准化四个二级指标逐层向下分解，直至第三级评价指标。各级指标均赋予了分值，指标分值设定参考了问卷调查统计得到的指标权重。底层评价指标内容具体、明确，打分时多采用扣分法，明确了扣分条件和准则；个别指标针对获奖情况，采用加分法，明确了加分条件和准则。评分方法操作起来较为简洁方便。

4. 明确了电网建设工程质量管理标准化评价方法

本书所提出的电网建设工程质量管理标准化评价体系属于一种综合评价，其评价方法主要考虑了指标权重确定、指标缺失处理、评价分值汇总与级别判定。指标权重确定采用了问卷调查方法，从收集的问卷中选取专家经验丰富、填写质量高的作为有效问卷，统计专家对于各指标重要性的平均意见，运用层次分析法进行数据处理，得到各评价指标的权重。但层次分析法具有较强的主观性，专家也无法对各级指标数量多少、重要性高低等进行综合考虑，因此，仅以此计算结果作为参考，通过讨论和权衡后设定了指标权重值。指标缺项处理主要针对评价时某些评价指标不适用或不存在该种情况，将该项指标的权重分摊到其他同一级指标，使该层指标的权重之和仍为1。指标分值层层向上汇总直至得到评价总分后，依据事先设定的级别评定标准判定级别（分为五级），同时也考虑了当某个一级指标得分严重偏低时，下调总级别的问题。

5. 建立了电网建设工程质量管理标准化评价机制

针对评价工作的具体开展措施，主要考虑了评价由谁来进行（评价主体）、评价在什么层级进行（评价对象）、评价按什么顺序开展（评价流程）、评价需要收集哪些资料（信息采集）、如何确保评价数据的真实性和有效性（数据保证）、如何发挥评价结果的价值（评价结果应用）等问题。同时考虑了上级机构（总公司）对于下级机构（如分公司、项

目部）的监督评价，也考虑了各管理机构的自评和第三方评价。明确了评价开展的阶段、工作内容，列出了管理机构与人员、质量管理行为、质量管理方法措施和实体质量评价各方面需要收集资料的表格和责任部门，探讨了确保信息有效性的措施和结果应用的途径。

6. 编写了电网建设工程质量管理标准化评价的实施指引

该指引是对于本报告主体研究内容的集中展现，也是研究成果能应用于实践的主要载体。由于研究时间较为紧张，该指引仅仅是一个草案，还需要进一步提高，但为电网建设工程质量管理标准化评价工作的试点和推行奠定了一定的基础。

10.2 展望

当前电网建设工程质量管理标准化评价体系的建立较为宏观，涉及工程质量管理的企业、项目两个层面和建设、设计、施工、监理等不同单位类型，所需要评价的内容包括质量管理的管理机构与人员、质量管理行为、质量管理方法措施和实体质量，指标体系的层次较多、指标数量较多，评价工作量较大。课题组尽可能建立一个全面、合理、严谨、实用的评价指标和程序方法体系，但工作仍存在以下不足，有待在下一步研究工作中完善：

1. 评价指标的设定需改进完善

在各类综合评价工作中，指标体系详略程度的界定一向是个难题。指标过于详细，指代内容明确，具有现实意义，但指标数量会很多，评价工作量会很大，获取全部相关信息会很难，评价工作不易开展；指标过于简略，指标数量不会太多，指标体系精简，评价工作量较小或适中，评价工作易于开展，但是指标指代内容模糊，大多需要依靠评价人员的主观判断，随意性大，评价工作可能流于形式。本课题的评价指标设定尽可能兼顾实用性和可操作性，但仍存在部分指标粗略或过细的问题。

2. 评价工作机制需更加具体、明确

由于本书的研究重点为完善指标体系，对于评价组织、流程、信息采集方式、保障机制、结果应用等方面的阐述不够深入系统。而后续，还需围绕评价机制开展进一步研究工作，选取更多的企业、电网建设工程项目开展评价试点工作，了解评价工作可能遇到的阻力和干扰因素，进一步完善评价组织、工作流程、保障措施等实施机制，使工程质量标准化评价可以切实开展，掌握现状、发现问题并促进质量管理的持续改进。

附　　录

附表A　国内外优秀工程管理评价体系对比分析

附表A-1　国内外优秀工程管理评价体系对比分析表（一）

序　号	1	2
名称	全面质量管理评价体系	ISO 9000质量管理体系评价体系
体系等级	国际标准体系	国际标准体系
组织单位	—	ISO 9000品质体系认证机构
依据文件	—	《质量管理体系 基本原理和术语》（ISO 9000）
评估流程	—	—
适用范围	企业	企业
评价单元	1. 以顾客为关注点 2. 授权与团队合作 3. 持续改进和学习 4. 以事实为管理依据 5. 领导与战略策划	1. 管理职责（方针、目标、管理承诺、职责与权限、策划、顾客需求、质量管理体系和管理评审） 2. 资源管理（人力资源、信息资源、设施设备和工作环境） 3. 过程管理（顾客需求转换、设计、采购、产品生产与服务提供） 4. 测量、分析与改进（信息测评、质量管理体系内审、产品监测和测量、过程监测和测量、不合格品控制、持续改进、纠正和预防措施）
评价要素个数	—	24
评价等级划分	无	无
实施效果评价	良	良

附表A-2　国内外优秀工程管理评价体系对比分析表（二）

序　号	3	4
名称	卓越绩效模式评价体系	六西格玛管理体系
体系等级	国际标准体系	国际标准体系
组织单位	—	—
依据文件	《卓越绩效评价准则》（GB/T 19580）	
评估流程	—	—
适用范围	企业	企业
评价单元	1. 领导（组织的领导、社会责任） 2. 战略（战略制定、战略部署） 3. 顾客与市场（顾客和市场的了解、顾客关系与顾客满意） 4. 资源（人力资源、财务资源、基础设施、信息、技术、相关方关系） 5. 过程管理（价值创造过程、支持过程） 6. 测量、分析与改进（测量与分析、信息和知识的管理、改进） 7. 经营结果（顾客与市场的结果、财务的结果、资源结果）	1. 定义 2. 测量 3. 分析 4. 改进 5. 控制
评价要素个数	43	—
评价等级划分	无	无
实施效果评价	良	良

附表 A-3　　国内外优秀工程管理评价体系对比分析表（三）

序号	5	6
名称	中国安装工程优质奖（中国安装之星）评价体系	中国建设工程鲁班奖（国家优质工程）评价体系
体系等级	中国国家标准体系	中国国家标准体系
组织单位	中国安装协会	中国建筑业协会
依据文件	《中国安装工程优质奖（中国安装之星）评选办法》（2019 年修订）	《中国建设工程鲁班奖（国家优质工程）评选办法》（2017 年修订）
评估流程	1. 申报推荐 2. 复查评审 3. 公示表彰	1. 申报 2. 初审 3. 工程复查 4. 工程评审 5. 表彰
适用范围	项　目	项　目
评价单元	无	1. 地基基础、主体结构施工质量 2. 安装施工质量 3. 装饰装修 4. 工程档案文件 5. 科技进步与创新 6. 节能、环保管理 7. 工程管理 8. 综合效益
评价要素个数	无	164
评价等级划分	中国安装之星	中国建设工程鲁班奖
实施效果评价	良	优

附表 A-4　　国内外优秀工程管理评价体系对比分析表（四）

序号	7	8
名称	国家优质工程奖评价体系	电网企业安全生产标准化达标评级体系
体系等级	中国国家标准体系	中国行业标准体系
组织单位	中国施工企业管理协会（以下简称“中施企协”）	国家能源局
依据文件	《国家优质工程奖评选办法》（2020 年修订版）	《电网企业安全生产标准化规范及达标评级标准》

续表

序号	7	8
评估流程	1. 推荐申报 2. 初审 3. 复查 4. 评审 5. 公示 6. 审定	企业应当根据达标基本条件和必备条件，对本企业评审期内开展安全生产标准化工作情况进行评定，自主评定后申请外部评审定级
适用范围	项　目	企　业
评价单元	无	1. 组织管理 2. 人力资源 3. 风险辨识与管控 4. 规划与建设 5. 设备管理 6. 系统运行管理 7. 物资与相关方管理 8. 作业环境 9. 生产用具 10. 作业管控 11. 环境与职业健康管理 12. 应急与事故/事件管理 13. 检查、审核与改进
评价要素个数	无	156
评价等级划分	银奖、金奖	安全生产标准化评审等级分为一级、二级、三级，一级为最高。其中：一级得分率应≥90%，二级得分率应≥80%，三级得分率应≥70%
实施效果评价	良	良

附表 A-5　　国内外优秀工程管理评价体系对比分析表（五）

序号	9	10
名称	中国电力优质工程（含中小型、境外工程）评价体系	河南省建设工程质量管理标准化示范工程评价体系
体系等级	中国行业标准体系	中国省级标准体系
组织单位	中国电力建设企业协会（以下简称“中电建协”）	河南省建筑业协会
依据文件	《中国电力优质工程评审办法（含中小型、境外工程）》（2020 版）	《河南省建设工程质量管理标准化示范工程管理办法（试行）》
评估流程	1. 申报 2. 工程核查 3. 会议评审 4. 审定批准 5. 证书颁发	1. 各市择优申报 2. 填写申请表及提交质量标准化示范工程策划方案 3. 过程检查 4. 评审验收

续表

序号	9	10
适用范围	项目	项目
评价单元	1. 职业健康安全与环境管理 2. 建筑工程质量 3. 电气热控安装质量 4. 输电工程安装质量 5. 主要技术经济指标 6. 工程综合管理 7. 获奖情况	1. 过程质量管理标准化 2. 工程施工工艺标准化 3. （建筑结构）工程实体质量 4. （装饰装修及屋面）工程实体质量 5. （机电安装）工程实体质量
评价要素个数	256	100
评价等级划分	1. 推荐意见 （1）推荐中国电力优质工程 （2）推荐中国电力优质工程（中小型、单项） （3）推荐中国电力优质工程（境外工程） （4）不同意推荐，简述理由（此项必填，100字以内） 2. 推荐建议 （1）建议推荐国家优质工程金质奖 （2）建议推荐国家优质工程奖 （3）建议推荐中国建设工程鲁班奖 （4）建议推荐中国安装工程优质奖（中国安装之星）	质量标准化示范工程项目评审按质量标准化管理水平高低分为优良、合格和不合格三个等级： 1. 综合评分在85分及以上为优良。 2. 综合评分在75～84分为合格。 3. 综合评分在74分及以下为不合格
实施效果评价	良	一般

附表 A-6　　国内外优秀工程管理评价体系对比分析表（六）

序号	11	12
名称	湖南省建筑施工质量管理标准化考评体系	万科质量管理过程评估体系
体系等级	中国省级标准体系	企业标准体系
组织单位	湖南省住房和城乡建设厅	万科集团
依据文件	《湖南省建筑施工质量管理标准化考评实施细则》	《万科集团2019年评估管理手册》
评估流程	考评主体应建立项目建筑施工质量管理标准化考评制度，督促企业开展项目建筑施工质量管理标准化自评工作，并按照“双随机”的方式，对建筑施工项目开展建筑施工质量管理标准化考评	1. 第三方评估 2. 第三方24小时内向集团及区域出具评估快报 3. 由区域24小时内下发评估结果至一线公司工程部及项目部 4. 一线公司工程部督促项目整改 5. 项目全面排查，自查自纠 6. 整改完成后项目向一线公司工程部申请复工，整改报告（附影像资料）抄送区域、集团

续表

序号	11	12
适用范围	项　目	项　目
评价单元	1. 质量管理行为标准化考评 2. 工程实体质量控制标准化	1. 风险检查（质量安全、规定动作、工艺节点、成品包保护、采暖工程、安装工程、外墙保暖工程） 2. 实测指标（混凝土工程、砌筑工程/隔墙板、装饰工程、户内门工程、门窗工程、墙地砖工程、公共部位） 3. 试验专项检查（土建、精装修）
评价要素个数	42＋实体质量部分动态调整	253、91、37
评价等级划分	80分及以上为“优良” 70～80分为“合格” 70分及以下为“不合格”	红牌、黄牌、无牌
实施效果评价	良	优

附表A-7　　国内外优秀工程管理评价体系对比分析表（七）

序号	13	14
名称	中国南方电网安全生产风险管理体系	神华煤矿风险预控管理体系
体系等级	企业标准体系	企业标准体系
组织单位	中国南方电网	神华集团
依据文件	《中国南方电网有限责任公司基建承包商安全生产风险管理体系等级认定工作指引》（2016年版）	《神华集团风险预控体系介绍》
评估流程	1. 审核计划的制定及上报 2. 审核实施 3. 审核结果汇总及上报 4. 等级认定 5. 审核的监督、考核管理	1. 煤矿每旬一查每月一考 2. 子分公司每月一查每季一考 3. 集团公司每季督查年终验收
适用范围	企业，兼顾适用项目	企业
评价单元	1. 目标 2. 组织机构和职责 3. 安全生产投入 4. 法律法规和安全管理制度 5. 宣传教育培训 6. 生产设备设施 7. 作业安全 8. 隐患排查治理 9. 危险源辨识及（重大）危险源监控 10. 职业健康 11. 应急救援管理 12. 信息报送和事故（事件）调查处理 13. 绩效评定和持续改进	1. 组织保障 2. 风险预控 3. 不安全行为控制 4. 生产系统 5. 辅助管理

续表

序号	13	14
评价要素个数	66	161
评价等级划分	“五钻”	本安企业一级、二级、三级、四级
实施效果评价	优	良

附表 A-8　　国内外优秀工程管理评价体系对比分析表（八）

序号	15	16
名称	碧桂园工程质量管理检查评分体系	广东电网公司电网建设安全优质文明样板工程评价体系
体系等级	企业标准体系	企业标准体系
组织单位	碧桂园集团	广东电网公司
依据文件	《碧桂园工程质量管理检查评分办法》（2015修订版）	《广东电网公司电网建设安全优质文明样板工程评选办法》
评估流程	1. 第三方评估 2. 第三方24小时内向集团及区域出具风险预警快报 3. 区域24小时内将预警快报发送至各公司及项目部 4. 一线公司督促项目整改 5. 项目全面排查整改 6. 项目整改完成后向公司申请取消预警 7. 公司组织复查 8. 区域复核确认后上报集团整改报告（附影像资料） 9. 预警取消	自查和整改结果报省公司，省公司不定期抽查
适用范围	项目	项目
评价单元	1. 标段工程质量管理评分 2. 管理行为检查评分 3. 区域管理行为检查评分 4. 监理资料检查评分	1. 安全管理 2. 文明施工管理 3. 质量管理 4. 规范管理 5. 达标投产管理
评价要素个数	142、5、5、23	89
评价等级划分	1. 外部：“创标杆”施工单位 2. 内部：每季度各区域质量考核排名办法。按各区域季度质量评分进行强制分布评级，排名前5名为A级；排名后3名为C级；其余为B级。集团将依据区域评级进行考核	广东电网公司电网建设安全优质文明样板工程、金质工程
实施效果评价	优	良

附表 A-9　　国内外优秀工程管理评价体系对比分析表（九）

序号	17	18
名称	中国金茂工程质量评估管理体系	中国南方电网优质工程奖评价体系
体系等级	企业标准体系	企业标准体系
组织单位	中国金茂（集团）有限公司	公司
依据文件	《中国金茂工程质量评估管理指引》	《中国公司基建项目达标投产及工程创优管理业务指导书》
评估流程	1. 施工单位对涉及工程质量的所有评估指标进行实测实量，并按时真实记录具体数据，备查 2. 监理公司按工序和时间要求，按比例进行复查，并编写项目质量实测实量评估报告，报项目工程部备案 3. 项目工程部复核监理公司提交的工程质量评估报告的真实性、及时性 4. 各单位监督、检查所属项目工程部工程质量评估工作的执行情况 5. 各单位根据各区域特点，组织各单位的评估工程质量管理工作，发布各单位的工程质量管理评估报告，并提交产品管理中心 6. 产品管理中心根据公司组织的每季度评估工作结合各单位工程质量评估报告，发布公司的工程质量评估报告，并对各单位的工程管理状态进行分级	1. 申报 2. 申报材料预审 3. 现场复查 4. 审定 5. 表彰
适用范围	项　目	项　目
评价单元	1. 实测评估（混凝土工程，砌筑工程） 2. 质量风险（建筑工程、机电工程）	1. 安全管理及文明生产 2. 设备安装及主要技术指标 3. 施工质量、施工工艺及调整试验 4. 工程档案管理 5. 工程综合管理
评价要素个数	22、106	72
评价等级划分	根据综合评分排名	从获得“中国南方电网优质工程”称号的项目中，推荐有代表性的项目申报“中国电力优质工程奖”，并在获得中国电力优质工程奖的项目中，优先推荐“国家优质工程”或中国建筑工程“鲁班奖”的评选
实施效果评价	良	良

附录B　电网建设工程质量管理标准化评价体系评分表

附表 B-1-1　　　　建设单位质量管理标准化评价评分表

目标层（一级）	准则层（二级）	指标层（三级）	评价内容	基准分	评分标准	实得分	指标权重	得分率（实得分/基准分×100%×权重）
建设单位质量管理标准化	管理机构与人员标准化	管理机构的设立	1. 管理机构的设立文件 2. 管理机构负责人的授权文件	10	1. 无管理机构的设立文件，扣5分 2. 无管理机构负责人的授权文件，扣5分		0.04	
		人员职责分工及配备数量	1. 人员职责划分 2. 管理机构人员配备数量与项目管理需求相适应	20	1. 管理机构人员配置数量不满足项目管理需求，扣5分 2. 无专职质量管理管理人员，扣5分 3. 人员职责划分不明确，未建立岗位责任制，扣5分 4. 人员出勤率不满足项目管理需求扣5分 5. 人员岗位职责履行不到位，扣1分/人次		0.08	
		人员持证	资格证书	10	各级人员持证与岗位不对应，扣1分/人次		0.06	
	质量管理行为标准化	质量目标	质量目标设置情况	10	1. 未明确质量管理目标，扣10分 2. 质量管理目标不符合实际，扣5分		0.015	
		决策质量	1. 项目核准批复文件 2. 项目可行性分析报告 3. 项目行政许可文件 4. 工程质量监督注册 5. 施工图设计文件审查 6. 设计评审计划完成率	10	1. 项目核准文件不齐全，扣1分/项 2. 项目可行性分析报告不齐全，扣1分/项 3. 项目行政许可文件不齐全，扣1分/项 4. 工程质量监督注册手续不齐全，扣1分/项 5. 施工图设计文件审查文件不齐全，扣1分/项 6. 设计评审计划未及时完成，设计评审计划完成率低于100%，扣0.2分/%		0.021	

续表

目标层（一级）	准则层（二级）	指标层（三级）	评价内容	基准分	评分标准	实得分	指标权重	得分率（实得分/基准分×100%×权重）
建设单位质量管理标准化	质量管理行为标准化	招投标质量	1. 招标程序及相关文件 2. 中标通知书 3. 承包商的资质要符合有关规定 4. 承包商实力	10	1. 招标程序及相关文件不符合法律法规及公司相关管理规定，扣10分 2. 中标通知书内容与招标项目不符，扣2分 3. 承包商的资质要不符合有关规定。承包商的资质反映了承包商必须具备的资历、技术力量、技术水平、技术装备和管理水平等条件，承包商必须在其资质许可的范围内从事工作，扣10分 4. 在资质满足要求时，未选择信誉度高、实力强的承包商，扣5分 5. 未对承包商的考察要全面。除考察承包商的资质、信誉、实力外，还要考察其总公司或有实力的分公司的地域关系、优秀的项目经理、管理体制等，扣3分		0.021	
		合同质量	1. 依法订立书面合同 2. 合同权责 3. 合同工期 4. 合同预付款、进度款、质保金、结算款条文	10	1. 未自中标通知书发出之日起30日内，按照招标文件和中标人的投标文件订立书面合同，扣3分 2. 双方权责不清晰，扣2分 3. 合同工期不合理，扣2分 4. 合同支付条款不合理，扣3分 5. 合同存在空白项，扣1分/项		0.012	
		造价质量	1. 工程造价控制指标 2. 工程结算按时完成率 3. 工程变更费用占预备费比例 4. 工程费用及进度受控项目比例 5. 合同预付款、进度款、质保金、结算款管理	10	1. 得分＝*KPI* 指标得分率算术平均数×100－扣分 2. 合同预付款、进度款、质保金、结算款管理不符合合同条款规定，在总得分扣1分/项		0.015	
		培训质量	培训记录	5	1. 未开展质量培训，扣5分 2. 培训记录内容不完善，扣1分/项		0.009	

续表

目标层（一级）	准则层（二级）	指标层（三级）	评价内容	基准分	评分标准	实得分	指标权重	得分率（实得分/基准分×100%×权重）
建设单位质量管理标准化	质量管理行为标准化	质量检查	质量检查记录	5	1. 未开展质量检查，扣5分 2. 质量检查记录不完善，扣1分/项		0.015	
		质量改进	1. 质量整改 2. 质量会议	10	1. 质量问题未闭环，扣1分/项 2. 质量会议未召开，扣5分 3. 质量会议内容不符合实际，扣1分/项		0.015	
		档案质量	档案资料	10	1. 未按规范要去建立质量管理档案，扣2分 2. 质量档案不齐全、不完整，每项扣1分 3. 质量档案弄虚作假，与工程实际不相符，每项扣1分 4. 质量档案与工程建设进度不同步，扣1分 5. 未设专人管理质量档案，扣1分 6. 未督促施工单位开展质量档案管理或未对施工单位质量档案管理情况进行检查，扣1分		0.015	
		质量标准	1. 质量标准清单 2. 质量标准应用	10	1. 未建立质量标准清单，扣10分 2. 质量标准清单未定期更新，扣5分 3. 质量标准清单应用检查记录不完善，1分/项		0.009	
		进度质量	1. 工程进度计划完成率 2. 工程开工计划完成率 3. 工程投产计划完成率 4. 工程竣工验收计划完成率	10	得分＝各指标算术平均数×100		0.018	

续表

目标层（一级）	准则层（二级）	指标层（三级）	评价内容	基准分	评分标准	实得分	指标权重	得分率（实得分/基准分×100%×权重）
建设单位质量管理标准化	质量管理行为标准化	设备材料质量	1. 甲方提供的材料、构配件和设备质量 2. 到货进度	10	1. 未对原材进场及设备进行开箱检查，确保装箱单、合格证、质保书、说明书、图纸、试验报告等有效质量证明文件齐全，扣1分 2. 未检查主要材料、周转材料等工程材料的质量合格情况，未及时按批量批次对须送检材料、试块（件）等进行送检复测，结果不符合设计要求和现行有关标准的规定，扣1分 3. 质检人员或技术员未对见证取样送检记录表进行核对，相关送检证明材料不齐全，内容与现场实际不相符，扣1分 4. 对工程材料、构配件、设备进行报审和有主要材料使用质量未跟踪记录资料，扣1分		0.018	
		项目管理行为质量	根据抽检项目管理机构与人员标准化、质量管理行为标准化、质量管理方法措施标准化评价实得分之和/基准分之和确定		—			
		质量责任追溯制度	建设单位应建立工程质量责任追溯制度	5	1. 建设单位未针对工程质量责任追溯制度，扣5分 2. 制度内容不具备可操作性，扣1分/项		0.03	
		信息化应用	1. 资产信息系统应用 2. BIM技术 3. 智慧工地 4. 大数据 5. 云计算 6. 物联网 7. 其他信息系统	10	1. 应用大于3项得10分 2. 应用3项得5分 3. 应用2项得3分 4. 应用1项及以下不得分		0.05	

续表

目标层（一级）	准则层（二级）	指标层（三级）	评价内容	基准分	评分标准	实得分	指标权重	得分率（实得分/基准分×100%×权重）
建设单位质量管理标准化	质量管理方法措施标准化	质量管理体系建设	1. 质量管理体系 2. 检查整改制度 3. 应督促施工单位建立质量管控体系	10	1. 未建立质量管理体系，扣10分 2. 质量管理体系不健全，扣1分/项 3. 质量管理体系与项目实际不符合，无法落实，扣1分/项 4. 质量管理体系建设未制定实施计划，或实施计划不合理，扣1分/项 5. 质量管理体系未采用科学的管理方法，扣1分 6. 检查整改制度落实不到位，未形成闭环，每项扣1分 7. 未督促施工单位建立质量管理体系或未对施工单位质量管理体系开展情况进行检查的，扣2分		0.03	
		经济激励措施	1. 项目质量管理绩效考核制度 2. 工程支付 3. 奖罚措施	10	1. 项目针对质量管理未制定绩效考核制度，扣2分 2. 未严格执行合同约定支付工程款，扣2分 3. 未按绩效考核制度落实管理，扣1分		0.04	
		其他制度建设	项目管理相关制度	10	教育培训制度、质量策划制度、质量检查制度、质量验收制度、质量事故报告处理制度、质量考评制度、技术创新成果推广制度不完善，扣1分/项		0.05	
	实体质量标准化	质量目标完成情况	质量目标完成情况	10	质量目标未完成，扣1分/项		0.045	
		运行质量	运行质量	10	运行投诉事件，扣1分/次		0.03	
		质量事故事件	质量事故	否决项	不得参与评价		—	
			质量事件	10	发生质量事件，扣5分/项		0.03	
		项目实体质量	根据抽检项目实体质量标准化评价实得分之和/基准分之和确定		—		0.195	

续表

目标层（一级）	准则层（二级）	指标层（三级）	评价内容	基准分	评分标准	实得分	指标权重	得分率（实得分/基准分×100%×权重）
建设单位质量管理标准化	实体质量标准化	质量奖项	国家级、省部级奖项	加分项	1. 工程获中国建设工程鲁班奖（以下简称“鲁班奖”）、国家优质奖（以下简称“国优奖”）[含中国安装工程优质奖（中国安装之星）]，加0.5分/项 2. 行业优质工程奖，加0.2分/项 3. 工程获网公司优质工程奖（主网工程），加0.2分/项，工程获网公司优质工程奖（配网工程）加0.05分/项 4. 最高加2分			直接加至总分
		其他奖项	专利、QC、工法	加分项	1. 获得省部（网公司）级及以上管理创新成果奖项的，一等奖每项加0.3分、二等奖每项加0.2分、三等奖每项加0.1分 2. QC、工法成果：国家级一等奖0.3分，二等奖0.2分，三等奖0.1分 3. 获得发明专利每项加0.2分，新型实用专利每项加0.1分，软件著作权每项加0.1 4. 最高加5分			直接加至总分
		“五新”应用	—	加分项	1. 获得国家级的科技一等奖每项加1分、二等奖每项加0.5分、三等奖每项加0.3分；获得省部（网公司）级科技、技改贡献奖，一等奖每项加0.4分、二等奖每项加0.2分、三等奖每项加0.1分 2. 完成新技术应用试点工作，每项加0.1分，如上升为网公司标准每项另加0.3分 3. 最高加2分			直接加至总分
得分率汇总得分								
加分项得分								
综合考核得分（得分率汇总得分×100＋加分项得分）								

附表 B-1-2　　电网建设工程项目业主项目部质量管理标准化评价评分表

<table>
<tr><th>目标层（一级）</th><th>准则层（二级）</th><th>指标层（三级）</th><th>评价内容</th><th>基准分</th><th>评分标准</th><th>实得分</th><th>指标权重</th><th>得分率（实得分/基准分×100%×权重）</th></tr>
<tr><td rowspan="5">业主项目部质量管理标准化</td><td rowspan="3">管理机构与人员标准化</td><td>管理机构的设立</td><td>1. 管理机构的设立文件
2. 管理机构负责人的授权文件</td><td>10</td><td>1. 无管理机构的设立文件，扣5分
2. 无管理机构负责人的授权文件，扣5分</td><td></td><td>0.04</td><td></td></tr>
<tr><td>人员职责分工及配备数量</td><td>1. 人员职责划分
2. 管理机构人员配备数量与项目管理需求相适应</td><td>20</td><td>1. 管理机构人员配置数量不满足项目管理需求，扣5分
2. 无专职质量管理人员，扣5分
3. 人员职责划分不明确，未建立岗位责任制，扣5分
4. 人员出勤率不满足项目管理需求扣5分
5. 人员岗位职责履行不到位，扣1分/人次</td><td></td><td>0.08</td><td></td></tr>
<tr><td>人员持证</td><td>资格证书</td><td>10</td><td>各级人员持证与岗位不对应，扣1分/人次</td><td></td><td>0.06</td><td></td></tr>
<tr><td rowspan="2">质量管理行为标准化</td><td>质量目标</td><td>质量目标设置情况</td><td>10</td><td>1. 未明确质量管理目标，扣10分
2. 质量管理目标不符合实际，扣5分</td><td></td><td>0.015</td><td></td></tr>
<tr><td>决策质量</td><td>1. 项目核准批复文件
2. 项目可行性分析报告
3. 项目行政许可文件
4. 工程质量监督注册
5. 施工图设计文件审查
6. 设计评审计划完成率</td><td>10</td><td>1. 项目核准文件不齐全，扣1分/项
2. 项目可行性分析报告不齐全，扣1分/项
3. 项目行政许可文件不齐全，扣1分/项
4. 工程质量监督注册手续不齐全，扣1分/项
5. 施工图设计文件审查文件不齐全，扣1分/项
6. 设计评审计划未及时完成，设计评审计划完成率低于100%，扣0.2分/%</td><td></td><td>0.021</td><td></td></tr>
</table>

续表

目标层（一级）	准则层（二级）	指标层（三级）	评价内容	基准分	评分标准	实得分	指标权重	得分率（实得分/基准分×100%×权重）
业主项目部质量管理标准化	质量管理行为标准化	招投标质量	1. 招标程序及相关文件 2. 中标通知书 3. 承包商的资质要符合有关规定 4. 承包商实力	10	1. 招标程序及相关文件不符合法律法规及公司相关管理规定，扣10分 2. 中标通知书内容与招标项目不符，扣2分 3. 承包商的资质要不符合有关规定。承包商的资质反映了承包商必须具备的资历、技术力量、技术水平、技术装备和管理水平等条件，承包商必须在其资质许可的范围内从事工作，扣10分 4. 在资质满足要求时，未选择信誉度高、实力强的承包商，扣5分 5. 未对承包商的考察要全面。除考察承包商的资质、信誉、实力外，还要考察其总公司或有实力的分公司的地域关系、优秀的项目经理、管理体制等，扣3分		0.021	
		合同质量	1. 依法订立书面合同 2. 合同权责 3. 合同工期 4. 合同预付款、进度款、质保金、结算款条文	10	1. 未自中标通知书发出之日起30日内，按照招标文件和中标人的投标文件订立书面合同，扣3分 2. 双方权责不清晰，扣2分 3. 合同工期不合理，扣2分 4. 合同支付条款不合理，扣3分 5. 合同存在空白项，扣1分/项		0.012	
		造价质量	1. 工程造价控制指标 2. 工程结算按时完成率 3. 工程变更费用占预备费比例 4. 工程费用及进度受控项目比例 5. 合同预付款、进度款、质保金、结算款管理	10	1. 得分=KPI指标得分率算术平均数×100－扣分 2. 合同预付款、进度款、质保金、结算款管理不符合合同条款规定，总得分扣1分/项		0.015	
		培训质量	培训记录	5	1. 未开展质量培训，扣5分 2. 培训记录内容不完善，扣1分/项		0.009	
		质量检查	质量检查记录	5	1. 未开展质量检查，扣5分 2. 质量检查记录不完善，扣1分/项		0.015	

续表

目标层（一级）	准则层（二级）	指标层（三级）	评价内容	基准分	评分标准	实得分	指标权重	得分率（实得分/基准分×100%×权重）
业主项目部质量管理标准化	质量管理行为标准化	质量改进	1. 质量整改 2. 质量会议	10	1. 质量问题未闭环，扣1分/项 2. 质量会议未召开，扣5分 3. 质量会议内容不符合实际，扣1分/项		0.015	
		档案质量	档案资料	10	1. 未按规范要去建立质量管理档案，扣2分 2. 质量档案不齐全、不完整，每项扣1分 3. 质量档案弄虚作假，与工程实际不相符，每项扣1分 4. 质量档案与工程建设进度不同步，扣1分 5. 未设专人管理质量档案，扣1分 6. 未督促施工单位开展质量档案管理或未对施工单位质量档案管理情况进行检查，扣1分		0.015	
		质量标准	1. 质量标准清单 2. 质量标准应用	10	1. 未建立质量标准清单，扣10分 2. 质量标准清单未定期更新，扣5分 3. 质量标准清单应用检查记录不完善，1分/项		0.09	
		进度质量	1. 工程进度计划完成率 2. 工程开工计划完成率 3. 工程投产计划完成率 4. 工程竣工验收计划完成率	10	得分＝各指标算术平均数×100		0.018	
		设备材料质量	1. 甲方提供的材料、构配件和设备质量 2. 到货进度	10	1. 未对原材进场及设备进行开箱检查，确保装箱单、合格证、质保书、说明书、图纸、试验报告等有效质量证明文件齐全，扣1分 2. 未检查主要材料、周转材料等工程材料的质量合格情况，未及时按批量批次对须送检材料、试块（件）等进行送检复测，结果不符合设计要求和现行有关标准的规定，扣1分 3. 质检人员或技术员未对见证取样送检记录表进行核对，相关送检证明材料不齐全，内容与现场实际不相符，扣1分 4. 对工程材料、构配件、设备进行报审和有主要材料使用质量未跟踪记录资料，扣1分		0.018	

续表

目标层（一级）	准则层（二级）	指标层（三级）	评价内容	基准分	评分标准	实得分	指标权重	得分率（实得分/基准分×100%×权重）
业主项目部质量管理标准化	质量管理行为标准化	策划质量	1. 建设管理大纲 2. 工程创优规划	10	策划内容与工程实际不符，扣1分/处		0.24	
		设计质量	1. 组织图纸会审 2. 设计交底 3. 计变更管理	10	1. 施工过程中出现变更的部位，未办理变更手续及签字齐全后才能进行施工，扣1分 2. 各级施工技术人员未严格执行变更签证制度，扣1分 3. 图纸会审、设计变更、洽商记录和设计交底记录核发的份数应考虑到施工关联的各方，核发的时间影响施工进度及工程质量为原则，未及时通知有关部门（如材料采购和构配件生产），扣1分 4. 所有设计变更资料，包括图纸会审、设计变更、洽商记录和设计交底记录、修改后的图纸等，无文字记录，纳入工程档案，作为竣工结算依据，扣1分 5. 设计变更应由图纸持有者或持有部门负责在蓝图上逐条更改，并进行标识，签上更改人姓名、日期，并在变更单位受控记录时做好备注，以示“已完成变更”，一般情况下应在工程变更施工时同步完成标识，所有更改记录和签署，未使用碳素墨水书写，扣1分 6. 由业主未组织设计单位、监理单位、建设单位、工程部及公司有关人员对图纸进行设计交底和图纸会审，形成设计交底记录。设计交底记录由项目技术负责人整理，公司工程部相关预算员配合，项目经理在设计交底记录施工单位栏内签字。设计交底记录作为设计图纸资料的组成部分用于施工过程的控制，扣1分		0.015	
		管理质量	1. 文件审查 2. 解决施工过程中出现的问题 3. 管理记录 4. 会议	10	1. 未及时审批工程报审文件，扣1分 2. 未对参建单位提出的问题及时处理，扣1分 3. 管理记录不完善，扣1分		0.018	

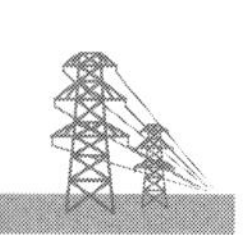

续表

目标层（一级）	准则层（二级）	指标层（三级）	评价内容	基准分	评分标准	实得分	指标权重	得分率（实得分/基准分×100%×权重）
业主项目部质量管理标准化	质量管理行为标准化	管理质量	5. 质量巡查	10	4. 未参与工地例会或专题会议，扣1分 5. 未开展质量巡查并保留巡查记录，扣1分 6. 未对巡查问题进行跟踪，扣1分		0.018	
		检测质量	重要分部（子分部）质量验收和竣工验收前，按规定委托有相应资质的检测单位对工程结构实体质量及主要使用功能进行现场检测	10	1. 工程结构实体质量检测是指为加强对建设工程结构实体质量的监控，由建设单位委托工程质量检测机构未采用随机抽样的方法，未对影响建设工程结构安全的地基与基础分部、主体结构分部中的主要受力构件进行检测的行为，扣1分 2. 建设单位应在建设工程主体结构完工前及时委托工程质量检测机构，未对结构实体质量进行检测，扣1分 3. 工程质量检测机构应未经计量主管部门计量认证合格，不具有建设行政主管部门核发的检测资质证，扣1分 4. 工程结构实体质量检测结果不符合设计文件和规范、标准要求的建设工程，建设工程质量监督机构未责令有关单位委托有资格的工程质量检测机构按有关规定进行法定检测。建设单位应将检测结果及处理方案报工程质量监督机构备案，扣1分 5. 工程结构实体质量检测结果作为地基与基础和主体结构工程的验收和评优依据		0.015	
		检测质量	重要分部（子分部）质量验收和竣工验收前，按规定委托有相应资质的检测单位对工程结构实体质量及主要使用功能进行现场检测	10	未进行工程结构实体质量检测或工程结构实体质量检测不合格且未经处理的建设工程，对该工程的地基与基础分部、主体结构分部工程质量组织验收，工程质量监督机构不得出具工程质量监督报告和向工程竣工验收备案管理部门推荐备案，扣1分		0.015	

续表

目标层（一级）	准则层（二级）	指标层（三级）	评价内容	基准分	评分标准	实得分	指标权重	得分率（实得分/基准分×100%×权重）
业主项目部质量管理标准化	质量管理行为标准化	验收质量	按规定组织竣工验收和备案，质量监督	10	1. 未执行公司基建验收管理相关规定，扣1分 2. 未负责本单位基建工程验收、投产试运和档案管理的监督、指导、检查和考核，扣1分 3. 未按权限负责组织成立本单位基建工程启委会，参与启动验收，未组织本单位基建工程专项验收、竣工验收，扣1分 4. 未按国家和地方主管部门有关要求，未负责办理资产产权证明所需的工程建设许可及竣工验收相关手续和证件，扣1分		0.024	
		协调质量	各单位协调	10	未及时协调各单位间的问题，导致进度滞后，扣1分/项		0.021	
	质量管理方法措施标准化	质量责任追溯制度	建设单位应建立工程质量责任追溯制度	5	1. 建设单位未针对工程质量责任追溯制度，扣5分 2. 制度内容不具备可操作性，扣1分/项		0.03	
		信息化应用	1. 资产信息系统应用 2. BIM技术 3. 智慧工地 4. 大数据 5. 云计算 6. 物联网 7. 其他信息系统	10	1. 应用大于3项得10分 2. 应用3项得5分 3. 应用2项得3分 4. 应用1项及以下不得分		0.05	
		质量管理体系建设	1. 质量管理体系 2. 检查整改制度 3. 应督促施工单位建立质量管控体系	10	1. 未建立质量管理体系，扣10分 2. 质量管理体系不健全，扣1分/项 3. 质量管理体系与项目实际不符合，无法落实，扣1分/项 4. 质量管理体系建设未制定实施计划，或实施计划不合理，扣1分/项 5. 质量管理体系未采用科学的管理方法，扣1分 6. 检查整改制度落实不到位，未形成闭环，每项扣1分 7. 未督促施工单位建立质量管理体系或未对施工单位质量管理体系开展情况进行检查的，扣2分		0.03	

续表

目标层（一级）	准则层（二级）	指标层（三级）	评价内容	基准分	评分标准	实得分	指标权重	得分率（实得分/基准分×100%×权重）
业主项目部质量管理标准化	质量管理方法措施标准化	经济激励措施	1. 项目质量管理绩效考核制度 2. 工程支付 3. 奖罚措施	10	1. 项日针对质量管理未制定绩效考核制度，扣2分 2. 未严格执行合同约定支付工程款，扣2分 3. 未按绩效考核制度落实管理，扣1分		0.04	
		其他制度建设	项目管理相关制度	10	教育培训制度、质量策划制度、质量检查制度、质量验收制度、质量事故报告处理制度、质量考评制度、技术创新成果推广制度不完善，扣1分/项		0.05	
	实体质量标准化	质量目标完成情况	质量目标完成情况	10	质量目标未完成，扣1分/项		0.045	
		运行质量	运行质量	10	运行投诉事件，扣1分/次		0.03	
		质量事故事件	质量事故	否决项	不得参与评价		—	
			质量事件	10	发生质量事件，扣5分/项		0.03	
		性能检测	性能检测报告	10	性能检测报告不合格，扣1分/项		0.06	
		质量记录	1. 验收记录整改闭环 2. 四个专项评价记录	10	1. 建设单位验收记录未整改闭环，扣1分/项 2. 四个专项评价得分的算术平均数>90分，本项加3分		0.045	
		允许偏差	实体质量缺陷	20	扣1分/处		0.06	
		观感质量	实体质量观感得分 规划质量观感得分	20	根据实体质量观感评分0～10分 根据实体与环境、建筑协调性评分0～10分		0.03	
		质量奖项	国家级、省部级奖项	加分项	1. 工程获鲁班奖、国优奖（含中国安装之星），加0.5分/项 2. 行业优质工程奖，加0.2分/项 3. 工程获网公司优质工程奖（主网工程），加0.2分/项，工程获网公司优质工程奖（配网工程）加0.05分/项 4. 最高加2分			直接加至总分

续表

目标层（一级）	准则层（二级）	指标层（三级）	评价内容	基准分	评分标准	实得分	指标权重	得分率（实得分/基准分×100%×权重）
业主项目部质量管理标准化	实体质量标准化	其他奖项	专利、QC、工法	加分项	1. 获得省部（网公司）级及以上管理创新成果奖项的，一等奖每项加0.3分、二等奖每项加0.2分、三等奖每项加0.1分 2. QC、工法成果：国家级一等奖0.3分，二等奖0.2分，三等奖0.1分 3. 获得发明专利每项加0.2分，新型实用专利每项加0.1分，软件著作权每项加0.1 4. 最高加5分			直接加至总分
		“五新”应用	—	加分项	1. 获得国家级的科技一等奖每项加1分、二等奖每项加0.5分、三等奖每项加0.3分；获得省部（网公司）级科技、技改贡献奖，一等奖每项加0.4分、二等奖每项加0.2分、三等奖每项加0.1分 2. 完成新技术应用试点工作，每项加0.1分，如上升为网公司标准每项另加0.3分 3. 最高加2分			直接加至总分
得分率汇总得分								
加分项得分								
综合考核得分（得分率汇总得分×100+加分项得分）								

附表B-2-1　设计单位质量管理标准化评价评分表

目标层（一级）	准则层（二级）	指标层（三级）	评价内容	基准分	评分标准	实得分	指标权重	得分率（实得分/基准分×100%×权重）
设计单位质量管理标准化	管理机构与人员标准化	设计单位的资质等级	设计单位资质与工程任务相匹配	10	1. 主体工程存在超资质范围承接业务，扣10分 2. 配套工程超出资质范围，扣5分		0.04	

续表

目标层（一级）	准则层（二级）	指标层（三级）	评价内容	基准分	评分标准	实得分	指标权重	得分率（实得分/基准分×100%×权重）
设计单位质量管理标准化	管理机构与人员标准化	管理机构的设立	1. 管理机构的设立文件 2. 管理机构负责人的授权文件	10	1. 无管理机构的设立文件，扣5分 2. 无管理机构负责人的授权文件，扣5分		0.04	
		人员职责分工及配备数量	1. 人员职责划分 2. 管理机构人员配备数量与项目管理需求相适应	20	1. 管理机构人员配置数量不满足项目管理需求，扣5分 2. 无专职质量管理人员，扣5分 3. 人员职责划分不明确，未建立岗位责任制，扣5分 4. 人员出勤率不满足项目管理需求扣5分 5. 人员岗位职责履行不到位，扣1分/人次		0.06	
		人员持证	资格证书	10	设总、各专业主设人员不具备执业资格，扣1分/人次		0.06	
	质量管理行为标准化	质量目标	质量目标设置情况	10	1. 未明确质量管理目标，扣10分 2. 质量管理目标不符合实际，扣5分		0.015	
		招投标质量	1. 招标程序及相关文件 2. 中标通知书 3. 承包商的资质要符合有关规定 4. 承包商实力	10	1. 招标程序及相关文件不符合法律法规及公司相关管理规定，扣10分 2. 中标通知书内容与招标项目不符，扣2分 3. 承包商的资质要不符合有关规定。承包商的资质反映了承包商必须具备的资历、技术力量、技术水平、技术装备和管理水平等条件，承包商必须在其资质许可的范围内从事工作，扣10分 4. 在资质满足要求时，未选择信誉度高、实力强的承包商，扣5分 5. 未对承包商的考察要全面。除考察承包商的资质、信誉、实力外，还要考察其总公司或有实力的分公司的地域关系、优秀的项目经理、管理体制等，扣3分 6. 违规分包，扣10分		0.015	

续表

目标层（一级）	准则层（二级）	指标层（三级）	评价内容	基准分	评分标准	实得分	指标权重	得分率（实得分/基准分×100%×权重）
设计单位质量管理标准化	质量管理行为标准化	合同质量	1. 依法订立书面合同 2. 合同权责 3. 合同工期 4. 合同预付款、进度款、质保金、结算款条文	10	1. 未自中标通知书发出之日起30日内，按照招标文件和中标人的投标文件订立书面合同，扣3分 2. 双方权责不清晰，扣2分 3. 合同工期不合理，扣2分 4. 合同支付条款不合理，扣3分 5. 合同存在空白项，扣1分/项		0.015	
		造价质量	1. 合同预付款、进度款、质保金、结算款管理 2. 造价管理	10	1. 合同预付款、进度款、质保金、结算款管理不符合合同条款规定，扣1分/项 2. 设计概预算等造价环节存在错漏，扣1分/项		0.03	
		培训质量	培训记录	5	1. 未开展质量培训，扣5分 2. 培训记录内容不完善，扣1分/项		0.015	
		质量检查	质量检查记录	5	1. 未开展质量检查，扣5分 2. 质量检查记录不完善，扣1分/项		0.021	
		质量改进	1. 质量整改 2. 质量会议	10	1. 质量问题未跟踪闭环，扣1分/项 2. 未参与质量会议召开，扣5分		0.012	
		档案质量	档案资料	10	1. 未按规范要求建立质量管理档案，扣2分 2. 质量档案不齐全、不完整，每项扣1分 3. 质量档案弄虚作假，与工程实际不相符，每项扣1分 4. 质量档案与工程建设进度不同步，扣1分 5. 未设专人管理质量档案，扣1分 6. 未督促施工单位开展质量档案管理或未对施工单位质量档案管理情况进行检查，扣1分		0.012	

续表

目标层（一级）	准则层（二级）	指标层（三级）	评价内容	基准分	评分标准	实得分	指标权重	得分率（实得分/基准分×100%×权重）
设计单位质量管理标准化	质量管理行为标准化	质量标准	1. 质量标准清单 2. 质量标准应用	10	1. 未建立质量标准清单，扣10分 2. 质量标准清单未定期更新，扣5分 3. 质量标准清单应用检查记录不完善，扣1分/项		0.015	
		进度质量	施工图/竣工图交付计划	10	施工图/竣工图交付滞后，扣1分/项		0.012	
		项目管理行为质量	根据抽检项目管理机构与人员标准化、质量管理行为标准化、质量管理方法措施标准化评价实得分之和/基准分之和确定		—		0.138	
	质量管理方法措施标准化	质量责任追溯制度	建设单位应建立工程质量责任追溯制度	5	1. 建设单位未针对工程质量责任追溯制度，扣5分 2. 制度内容不具备可操作性，扣1分/项		0.03	
		信息化应用	1. 资产信息系统应用 2. BIM技术 3. 大数据 4. 云计算 5. 物联网 6. 其他信息系统	10	1. 应用大于3项得10分 2. 应用3项得5分 3. 应用2项得3分 4. 应用1项及以下不得分		0.05	
		质量管理体系建设	1. 质量管理体系 2. 检查整改制度 3. 应督促施工单位建立质量管控体系	10	1. 未建立质量管理体系，扣10分 2. 质量管理体系不健全，扣1分/项 3. 质量管理体系与项目实际不符合，无法落实，扣1分/项 4. 质量管理体系建设未制定实施计划，或实施计划不合理，扣1分/项 5. 质量管理体系未采用科学的管理方法，扣1分 6. 检查整改制度落实不到位，未形成闭环，每项扣1分		0.03	

续表

目标层（一级）	准则层（二级）	指标层（三级）	评价内容	基准分	评分标准	实得分	指标权重	得分率（实得分/基准分×100%×权重）
设计单位质量管理标准化	质量管理方法措施标准化	质量管理体系建设	1. 质量管理体系 2. 检查整改制度 3. 应督促施工单位建立质量管控体系	10	7. 未督促施工单位建立质量管理体系或未对施工单位质量管理体系开展情况进行检查的，扣2分		0.03	
		经济激励措施	1. 项目质量管理绩效考核制度 2. 工程支付 3. 奖罚措施	10	1. 项目针对质量管理未制定绩效考核制度，扣2分 2. 未严格执行合同约定支付工程款，扣2分 3. 未按绩效考核制度落实管理，扣1分		0.04	
		其他制度建设	项目管理相关制度	10	教育培训制度、质量策划制度、质量检查制度、质量验收制度、质量事故报告处理制度、设计质量保证制度、技术创新成果推广制度不完善，扣1分/项		0.05	
	实体质量标准化	质量目标完成情况	质量目标完成情况	10	质量目标未完成，扣1分/项		0.045	
		运行质量	运行质量	10	运行投诉事件属于设计原因导致的，扣1分/项		0.03	
		质量事故事件	质量事故	否决项	不得参与评价		—	
			质量事件	10	发生质量事件，扣5分/项		0.03	
		项目实体质量	根据抽检项目实体质量标准化评价实得分之和/基准分之和确定	—	—		0.195	
		质量奖项	国家级、省部级奖项	加分项	1. 工程获鲁班奖、国优奖（含中国安装之星），加0.5分/项 2. 行业优质工程奖，加0.2分/项 3. 工程获网公司优质工程奖（主网工程），加0.2分/项，工程获网公司优质工程奖（配网工程）加0.05分/项 4. 最高加2分			直接加至总分

续表

目标层（一级）	准则层（二级）	指标层（三级）	评价内容	基准分	评分标准	实得分	指标权重	得分率（实得分/基准分×100%×权重）
设计单位质量管理标准化	实体质量标准化	其他奖项	专利、QC、科技进步奖等	加分项	1. 获得省部（网公司）级及以上管理创新成果奖项的，一等奖每项加0.3分、二等奖每项加0.2分、三等奖每项加0.1分 2. QC、工法成果：国家级一等奖0.3分，二等奖0.2分，三等奖0.1分 3. 获得发明专利每项加0.2分，新型实用专利每项加0.1分，软件著作权每项加0.1 4. 最高加5分			直接加至总分
		“五新”应用	—	加分项	1. 获得国家级的科技一等奖每项加1分、二等奖每项加0.5分、三等奖每项加0.3分；获得省部（网公司）级科技、技改贡献奖，一等奖每项加0.4分、二等奖每项加0.2分、三等奖每项加0.1分 2. 完成新技术应用试点工作，每项加0.1分，如上升为网公司标准每项另加0.3分 3. 最高加2分			直接加至总分
得分率汇总得分								
加分项得分								
综合考核得分（得分率汇总得分×100＋加分项得分）								

附表B-2-2　电网建设工程项目设计项目部质量管理标准化评价评分表

目标层（一级）	准则层（二级）	指标层（三级）	评价内容	基准分	评分标准	实得分	指标权重	得分率（实得分/基准分×100%×权重）
设计项目部质量管理标准化	管理机构与人员标准化	设计单位的资质等级	设计单位资质与工程任务相匹配	10	1. 主体工程存在超资质范围承接业务，扣10分 2. 配套工程超出资质范围，扣5分		0.04	

续表

目标层（一级）	准则层（二级）	指标层（三级）	评价内容	基准分	评分标准	实得分	指标权重	得分率（实得分/基准分×100%×权重）
设计项目部质量管理标准化	管理机构与人员标准化	管理机构的设立	1. 管理机构的设立文件 2. 管理机构负责人的授权文件	10	1. 无管理机构的设立文件，扣5分 2. 无管理机构负责人的授权文件，扣5分		0.04	
		人员职责分工及配备数量	1. 人员职责划分 2. 管理机构人员配备数量与项目管理需求相适应	20	1. 管理机构人员配置数量不满足项目管理需求，扣5分 2. 无专职质量管理人员，扣5分 3. 人员职责划分不明确，未建立岗位责任制，扣5分 4. 人员出勤率不满足项目管理需求扣5分 5. 人员岗位职责履行不到位，扣1分/人次		0.06	
		人员持证	资格证书	10	设总、各专业主设人员不具备执业资格，扣1分/人次		0.06	
	质量管理行为标准化	质量目标	质量目标设置情况	10	1. 未明确质量管理目标，扣10分 2. 质量管理目标不符合实际，扣5分		0.015	
		招投标质量	1. 招标程序及相关文件 2. 中标通知书 3. 承包商的资质要符合有关规定 4. 承包商实力	10	1. 招标程序及相关文件不符合法律法规及公司相关管理规定，扣10分 2. 中标通知书内容与招标项目不符，扣2分 3. 承包商的资质要不符合有关规定。承包商的资质反映了承包商必须具备的资历、技术力量、技术水平、技术装备和管理水平等条件，承包商必须在其资质许可的范围内从事工作，扣10分 4. 在资质满足要求时，未选择信誉度高、实力强的承包商，扣5分 5. 未对承包商的考察要全面。除考察承包商的资质、信誉、实力外，还要考察其总公司或有实力的分公司的地域关系、优秀的项目经理、管理体制等，扣3分 6. 违规分包，扣10分		0.015	

续表

目标层（一级）	准则层（二级）	指标层（三级）	评价内容	基准分	评分标准	实得分	指标权重	得分率（实得分/基准分×100%×权重）
设计项目部质量管理标准化	质量管理行为标准化	合同质量	1. 依法订立书面合同 2. 合同权责 3. 合同工期 4. 合同预付款、进度款、质保金、结算款条文	10	1. 未自中标通知书发出之日起30日内，按照招标文件和中标人的投标文件订立书面合同，扣3分 2. 双方权责不清晰，扣2分 3. 合同工期不合理，扣2分 4. 合同支付条款不合理，扣3分 5. 合同存在空白项，扣1分/项		0.015	
		造价质量	1. 合同预付款、进度款、质保金、结算款管理 2. 造价管理	10	1. 合同预付款、进度款、质保金、结算款管理不符合合同条款规定，扣1分/项 2. 设计概预算等造价环节存在错漏，扣1分/项		0.03	
		培训质量	培训记录	5	1. 未开展质量培训，扣5分 2. 培训记录内容不完善，扣1分/项		0.015	
		质量检查	质量检查记录	5	1. 未开展质量检查，扣5分 2. 质量检查记录不完善，扣1分/项		0.021	
		质量改进	1. 质量整改 2. 质量会议	10	1. 质量问题未跟踪闭环，扣1分/项 2. 未参与质量会议召开，扣5分		0.012	
		档案质量	档案资料	10	1. 未按规范要求建立质量管理档案，扣2分 2. 质量档案不齐全、不完整，每项扣1分 3. 质量档案弄虚作假，与工程实际不相符，每项扣1分 4. 质量档案与工程建设进度不同步，扣1分 5. 未设专人管理质量档案，扣1分 6. 未督促施工单位开展质量档案管理或未对施工单位质量档案管理情况进行检查，扣1分		0.012	

续表

目标层（一级）	准则层（二级）	指标层（三级）	评价内容	基准分	评分标准	实得分	指标权重	得分率（实得分/基准分×100%×权重）
设计项目部质量管理标准化	质量管理行为标准化	质量标准	1. 质量标准清单 2. 质量标准应用	10	1. 未建立质量标准清单，扣10分 2. 质量标准清单未定期更新，扣5分 3. 质量标准清单应用检查记录不完善，1分/项		0.015	
		进度质量	施工图/竣工图交付计划	10	施工图/竣工图交付滞后，扣1分/项		0.012	
		策划质量	1. 设计策划文件 2. 工程创优规划	10	1. 策划内容与工程实际不符，扣1分/处 2. 未对新结构、新材料、新工艺和特殊结构工程（若有）提出质量要求、施工措施，扣3分/项		0.027	
		设备材料质量	设备材料录入	10	1. 设备材料录入不及时，扣1分/项 2. 指定材料、设备生产厂家或供应商，扣10分		0.024	
		规划设计质量	1. 平面、平面布置、使用功能与周围环境、建筑、设施协调 2. 标准设计与典型造价应用 3. 初步设计、可行性研究合理性	15	1. 设计平面、平面布置、使用功能与周围环境、建筑、设施不协调，扣1分/处 2. 未执行标准设计与典型造价，扣1分/处 3. 初步设计、可行性研究存在不合理，扣1分/处		0.03	
		设计变更质量	1. 设计变更记录 2. 设计变更时效性	10	1. 设计变更记录不完善，扣1分/项 2. 设计变更处理时间超过规范要求，扣2分/项，影响工程进度的，扣3分/项		0.024	
		协调质量	1. 设计联络会 2. 解决施工过程中出现的勘察、设计等技术问题等	10	1. 未参加设计交底会议或图纸会审会议，扣5分 2. 图纸会审意见未及时反馈影响工程开工，扣5分 3. 未及时解决施工过程中出现的勘察、设计等技术问题，扣1分/项		0.018	

续表

目标层（一级）	准则层（二级）	指标层（三级）	评价内容	基准分	评分标准	实得分	指标权重	得分率（实得分/基准分×100%×权重）
设计项目部质量管理标准化	质量管理行为标准化	验收质量	按规定参加地基验槽、重要分部（子分部）质量验收和工程竣工验收	10	未参加地基验槽、重要分部（子分部）质量验收和工程竣工验收，扣3分/次		0.015	
	质量管理方法措施指标化	质量责任追溯制度	建设单位应建立工程质量责任追溯制度	5	1. 建设单位未针对工程质量责任追溯制度，扣5分 2. 制度内容不具备可操作性，扣1分/项		0.03	
		信息化应用	1. 资产信息系统应用 2. BIM 技术 3. 大数据 4. 云计算 5. 物联网 6. 其他信息系统	10	1. 应用大于3项得10分 2. 应用3项得5分 3. 应用2项得3分 4. 应用1项及以下不得分		0.05	
		质量管理体系建设	1. 质量管理体系 2. 检查整改制度 3. 应督促施工单位建立质量管控体系	10	1. 未建立质量管理体系，扣10分 2. 质量管理体系不健全，扣1分/项 3. 质量管理体系与项目实际不符合，无法落实，扣1分/项 4. 质量管理体系建设未制定实施计划，或实施计划不合理，扣1分/项 5. 质量管理体系未采用科学的管理方法，扣1分 6. 检查整改制度落实不到位，未形成闭环，每项扣1分 7. 未督促施工单位建立质量管理体系或未对施工单位质量管理体系开展情况进行检查的，扣2分		0.03	
		经济激励措施	1. 项目质量管理绩效考核制度 2. 工程支付 3. 奖罚措施	10	1. 项目针对质量管理未制定绩效考核制度，扣2分 2. 未严格执行合同约定支付工程款，扣2分 3. 未按绩效考核制度落实管理，扣1分		0.04	

续表

目标层（一级）	准则层（二级）	指标层（三级）	评价内容	基准分	评分标准	实得分	指标权重	得分率（实得分/基准分×100%×权重）
设计项目部质量管理标准化	质量管理方法措施标准化	其他制度建设	项目管理相关制度	10	教育培训制度、质量策划制度、质量检查制度、质量验收制度、质量事故报告处理制度、设计质量保证制度、技术创新成果推广制度不完善，扣1分/项		0.05	
	实体质量标准化	质量目标完成情况	质量目标完成情况	10	质量目标未完成，扣1分/项		0.045	
		运行质量	运行质量	10	运行投诉事件属于设计原因导致的，扣1分/项		0.03	
		质量事故事件	质量事故	否决项	不得参与评价		—	
			质量事件	10	发生质量事件，扣5分/项		0.03	
		设计变更评价	设计变更合理性	10	1. 设计变更存在不合理，扣1分/项 2. 因设计深度不足导致变更，扣2分/项		0.045	
		使用功能评价	设计成品使用功能	10	设计成品使用功能不齐全，扣1分/项		0.045	
		设计深度评价	设计深度	10	1. 设计图纸存在设计深度不足的现象，1分/处 2. 因设计深度不足导致返工，扣2分/项		0.045	
		设计成品评价	设计成品观感质量	10	设计成品观感质量不协调，扣1分/处		0.06	
		质量奖项	国家级、省部级奖项	加分项	1. 工程获鲁班奖、国优奖（含中国安装之星），加0.5分/项 2. 行业优质工程奖，加0.2分/项 3. 工程获网公司优质工程奖（主网工程），加0.2分/项，工程获网公司优质工程奖（配网工程）加0.05分/项 4. 最高加2分			直接加至总分

续表

目标层（一级）	准则层（二级）	指标层（三级）	评价内容	基准分	评分标准	实得分	指标权重	得分率（实得分/基准分×100%×权重）
设计项目部质量管理标准化	实体质量标准化	其他奖项	专利、QC、科技进步奖等	加分项	1. 获得省部（网公司）级及以上管理创新成果奖项的，一等奖每项加0.3分、二等奖每项加0.2分、三等奖每项加0.1分 2. QC、工法成果：国家级一等奖0.3分，二等奖0.2分，三等奖0.1分 3. 获得发明专利每项加0.2分，新型实用专利每项加0.1分，软件著作权每项加0.1 4. 最高加5分			直接加至总分
		“五新”应用	—	加分项	1. 获得国家级的科技一等奖每项加1分、二等奖每项加0.5分、三等奖每项加0.3分；获得省部（网公司）级科技、技改贡献奖，一等奖每项加0.4分、二等奖每项加0.2分、三等奖每项加0.1分 2. 完成新技术应用试点工作，每项加0.1分，如上升为网公司标准每项另加0.3分 3. 最高加2分			直接加至总分
得分率汇总得分								
加分项得分								
综合考核得分（得分率汇总得分×100+加分项得分）								

附表B-3-1　电力工程项目施工单位质量管理标准化评价评分表

目标层（一级）	准则层（二级）	指标层（三级）	评价内容	基准分	评分标准	实得分	指标权重	得分率（实得分/基准分×100%×权重）
施工单位质量管理标准化	管理机构与人员标准化	施工单位的资质等级	施工单位资质与工程任务相匹配	10	1. 主体工程存在超资质范围承接业务，扣10分 2. 配套工程超出资质范围，未专业分包，扣5分		0.04	

续表

目标层（一级）	准则层（二级）	指标层（三级）	评价内容	基准分	评分标准	实得分	指标权重	得分率（实得分/基准分×100%×权重）
施工单位质量管理标准化	管理机构与人员标准化	管理机构的设立	1. 管理机构的设立文件 2. 管理机构负责人的授权文件 3. 人员组织架构	10	1. 无管理机构的设立文件，扣5分 2. 无管理机构负责人的授权文件，扣5分 3. 施工项目经理与投标不一致，扣3分 4. 施工单位其他技术人员与投标不一致，每项扣1分		0.04	
		人员职责分工及配备数量	1. 人员职责划分 2. 管理机构人员配备数量与项目管理需求相适应	20	1. 管理机构人员配置数量不满足项目管理需求，扣5分 2. 无专职质量管理人员，扣5分 3. 人员职责划分不明确，未建立岗位责任制，扣5分 4. 人员出勤率不满足项目管理需求扣5分 5. 人员岗位职责履行不到位，扣1分/人次		0.06	
		人员持证	资格证书	10	1. 各级管理人员持证与岗位不对应，扣1分/人次 2. 特殊工种作业人员未能持证作业，扣1分/人次		0.06	
	质量管理行为标准化	质量目标	质量目标设置情况	10	1. 未明确质量管理目标，扣10分 2. 质量管理目标不符合实际，扣5分		0.015	
		招投标质量	1. 招标程序及相关文件 2. 中标通知书 3. 承包商的资质要符合有关规定 4. 承包商实力	10	1. 招标程序及相关文件不符合法律法规及公司相关管理规定，扣10分 2. 中标通知书内容与招标项目不符，扣2分 3. 承包商的资质要不符合有关规定。承包商的资质反映了承包商必须具备的资历、技术力量、技术水平、技术装备和管理水平等条件，承包商必须在其资质许可的范围内从事工作，扣10分 4. 在资质满足要求时，未选择信誉度高、实力强的承包商，扣5分 5. 未对承包商的考察要全面。除考察承包商的资质、信誉、实力外，还要考察其总公司或有实力的分公司的地域关系、优秀的项目经理、管理体制等，扣3分 6. 违规分包，扣5分		0.009	

续表

目标层（一级）	准则层（二级）	指标层（三级）	评价内容	基准分	评分标准	实得分	指标权重	得分率（实得分/基准分×100%×权重）
施工单位质量管理标准化	质量管理行为标准化	合同质量	1. 依法订立书面合同 2. 合同权责 3. 合同工期 4. 合同预付款、进度款、质保金、结算款条文	10	1. 未自中标通知书发出之日起30日内，按照招标文件和中标人的投标文件订立书面合同，扣3分 2. 双方权责不清晰，扣2分 3. 合同工期不合理，扣2分 4. 合同支付条款不合理，扣3分 5. 合同存在空白项，扣1分/项		0.009	
		造价质量	合同预付款、进度款、质保金、结算款管理	10	合同预付款、进度款、质保金、结算款管理不符合合同条款规定，在总得分扣1分/项		0.015	
		培训质量	培训记录	5	1. 未开展质量培训，扣5分 2. 培训记录内容不完善，扣1分/项		0.012	
		质量检查	质量检查记录	5	1. 未开展质量检查，扣5分 2. 质量检查记录不完善，扣1分/项		0.021	
		质量改进	1. 质量整改 2. 质量会议	10	1. 质量问题未闭环，扣1分/项 2. 质量会议未参与，扣5分 3. 质量会议内容不符合实际，扣1分/项		0.021	
		档案质量	档案资料	10	1. 未按规范要去建立质量管理档案，扣2分 2. 质量档案不齐全、不完整，每项扣1分 3. 质量档案弄虚作假，与工程实际不相符，每项扣1分 4. 质量档案与工程建设进度不同步，扣1分 5. 未设专人管理质量档案，扣1分 6. 未督促施工单位开展质量档案管理或未对施工单位质量档案管理情况进行检查，扣1分		0.015	

续表

目标层（一级）	准则层（二级）	指标层（三级）	评价内容	基准分	评分标准	实得分	指标权重	得分率（实得分/基准分×100%×权重）
施工单位质量管理标准化	质量管理行为标准化	质量标准	1. 质量标准清单 2. 质量标准应用	10	1. 未建立质量标准清单，扣10分 2. 质量标准清单未定期更新，扣5分 3. 质量标准清单应用检查记录不完善，1分/项		0.015	
		进度质量	进度管理	10	1. 未对项目进度控制情况、劳动力、机具投入情况进行检查及反馈，扣1分/项 2. 进度计划调整督查不及时，未形成履职文件扣1分/项		0.015	
		工器具质量	1. 安全工器具 2. 实验仪器	10	1. 未建立安全工器具、实验仪器台账，扣2分 2. 安全工器具、实验仪器未检验或检验失效，扣1分/项		0.018	
		设备材料质量	1. 乙方提供的材料、构配件和设备 2. 材料检验	10	1. 使用不合格材料的，扣1分 2. 进场材料合格证明文件不符合要求的，扣1分 3. 无材料的管理台账及未设置材料进场验收台账的，扣1分 4. 现场未配备必要的规范、规程、标准、图集，未配备存放专柜的；扣1分 5. 现场材料分类堆放不整齐，状态标识不准确、不齐全的，扣1分 6. 材料样品库设置不规范，样品留设不符合要求，信息标识不完整的，扣1分 7. 仓库储存材料未划线定位、统一分类编号、合理堆码、堆放牢固、定量、整齐、节约和方便，扣1分 8. 对材料仓库必须及时检查，存在渗漏，特别是易受潮产品，未及时检查、掌握保质期时间、易燃易爆仓库，无标示严禁烟火，确保安全，扣1分 9. 施工材料未配备专人管理，扣1分		0.015	

续表

目标层（一级）	准则层（二级）	指标层（三级）	评价内容	基准分	评分标准	实得分	指标权重	得分率（实得分/基准分×100%×权重）
施工单位质量管理标准化	质量管理行为标准化	机械设备质量	机械设备管理	10	1. 未建立机械设备台账，扣2分 2. 机械设备未执行“八步骤”管理，扣1分/处		0.012	
		项目管理行为质量	根据抽检项目管理机构与人员标准化、质量管理行为标准化、质量管理方法措施标准化评价实得分之和/基准分之和确定		—		0.108	
	质量管理方法措施标准化	质量责任追溯制度	施工单位应建立工程质量责任追溯制度	5	1. 施工单位未针对工程质量责任追溯制度，扣5分 2. 制度内容不具备可操作性，扣1分/项		0.03	
		信息化应用	1. 资产信息系统应用 2. BIM技术 3. 智慧工地 4. 大数据 5. 云计算 6. 物联网 7. 其他信息系统	10	1. 应用大于3项得10分 2. 应用3项得5分 3. 应用2项得3分 4. 应用1项及以下不得分		0.05	
		质量管理体系建设	1. 质量管理体系 2. 检查整改制度 3. 应督促施工单位建立质量管控体系	10	1. 未建立质量管理体系，扣10分 2. 质量管理体系不健全，扣1分/项 3. 质量管理体系与项目实际不符合，无法落实，扣1分/项 4. 质量管理体系建设未制定实施计划，或实施计划不合理，扣1分/项 5. 质量管理体系未采用科学的管理方法，扣1分 6. 检查整改制度落实不到位，未形成闭环，每项扣1分 7. 未督促施工单位建立质量管理体系或未对施工单位质量管理体系开展情况进行检查的，扣2分		0.03	

续表

目标层（一级）	准则层（二级）	指标层（三级）	评价内容	基准分	评分标准	实得分	指标权重	得分率（实得分/基准分×100%×权重）
施工单位质量管理标准化	质量管理方法措施标准化	经济激励措施	1. 项目质量管理绩效考核制度 2. 工程支付 3. 奖罚措施	10	1. 项目针对质量管理未制定绩效考核制度，扣2分 2. 未严格执行合同约定支付工程款，扣2分 3. 未按绩效考核制度落实管理，扣1分		0.04	
		其他制度建设	项目管理相关制度	10	教育培训制度、质量策划制度、质量检查制度、质量验收制度、质量事故报告处理制度、质量考评制度、技术创新成果推广制度不完善，扣1分/项		0.05	
	实体质量标准化	质量目标完成情况	质量目标完成情况	10	质量目标未完成，扣1分/项		0.045	
		运行质量	运行质量	10	运行投诉事件，扣1分/次		0.03	
		质量事故事件	质量事故	否决项	不得参与评价		—	
			质量事件	10	发生质量事件，扣5分/项		0.03	
		项目实体质量	根据抽检项目实体质量标准化评价实得分之和/基准分之和确定		—		0.195	
		质量奖项	国家级、省部级奖项	加分项	1. 工程获鲁班奖、国优奖（含中国安装之星），加0.5分/项 2. 行业优质工程奖，加0.2分/项 3. 工程获网公司优质工程奖（主网工程），加0.2分/项，工程获网公司优质工程奖（配网工程）加0.05分/项 4. 最高加2分			直接加至总分
		其他奖项	专利、QC、工法	加分项	1. 获得省部（网公司）级及以上管理创新成果奖项的，一等奖每项加.0.3分、二等奖每项加0.2分、三等奖每项加0.1分 2. QC、工法成果：国家级一等奖0.3分，二等奖0.2分，三等奖0.1分 3. 获得发明专利每项加0.2分，新型实用专利每项加0.1分，软件著作权每项加0.1 4. 最高加5分			直接加至总分

续表

目标层（一级）	准则层（二级）	指标层（三级）	评价内容	基准分	评分标准	实得分	指标权重	得分率（实得分/基准分×100%×权重）
施工单位质量管理标准化	实体质量标准化	“五新”应用	—	加分项	1. 获得国家级的科技一等奖每项加1分、二等奖每项加0.5分、三等奖每项加0.3分；获得省部（网公司）级科技、技改贡献奖，一等奖每项加0.4分、二等奖每项加0.2分、三等奖每项加0.1分 2. 完成新技术应用试点工作，每项加0.1分，如上升为网公司标准每项另加0.3分 3. 最高加2分			直接加至总分
得分率汇总得分								
加分项得分								
综合考核得分（得分率汇总得分×100＋加分项得分）								

附表B-3-2　电网建设工程项目施工项目部质量管理标准化评价评分表

目标层（一级）	准则层（二级）	指标层（三级）	评价内容	基准分	评分标准	实得分	指标权重	得分率（实得分/基准分×100%×权重）
施工项目部质量管理标准化	管理机构与人员标准化	施工单位的资质等级	施工单位资质与工程任务相匹配	10	1. 主体工程存在超资质范围承接业务，扣10分 2. 配套工程超出资质范围，未专业分包，扣5分		0.04	
		管理机构的设立	1. 管理机构的设立文件 2. 管理机构负责人的授权文件 3. 人员组织架构	10	1. 无管理机构的设立文件，扣5分 2. 无管理机构负责人的授权文件，扣5分 3. 施工项目经理与投标不一致，扣3分 4. 施工项目部其他技术人员与投标不一致，每项扣1分		0.04	
		人员职责分工及配备数量	1. 人员职责划分 2. 管理机构人员配备数量与项目管理需求相适应	20	1. 管理机构人员配置数量不满足项目管理需求，扣5分 2. 无专职质量管理人员，扣5分 3. 人员职责划分不明确，未建立岗位责任制，扣5分 4. 人员出勤率不满足项目管理需求扣5分 5. 人员岗位职责履行不到位，扣1分/人次		0.06	

续表

目标层（一级）	准则层（二级）	指标层（三级）	评价内容	基准分	评分标准	实得分	指标权重	得分率（实得分/基准分×100%×权重）
施工项目部质量管理标准化	管理机构与人员标准化	人员持证	资格证书	10	1. 各级管理人员持证与岗位不对应，扣1分/人次 2. 特殊工种作业人员未能持证作业，扣1分/人次		0.06	
	质量管理行为标准化	质量目标	质量目标设置情况	10	1. 未明确质量管理目标，扣10分 2. 质量管理目标不符合实际，扣5分		0.015	
		招投标质量	1. 招标程序及相关文件 2. 中标通知书 3. 承包商的资质要符合有关规定 4. 承包商实力	10	1. 招标程序及相关文件不符合法律法规及公司相关管理规定，扣10分 2. 中标通知书内容与招标项目不符，扣2分 3. 承包商的资质要不符合有关规定。承包商的资质反映了承包商必须具备的资历、技术力量、技术水平、技术装备和管理水平等条件，承包商必须在其资质许可的范围内从事工作，扣10分 4. 在资质满足要求时，未选择信誉度高、实力强的承包商，扣5分 5. 未对承包商的考察要全面。除考察承包商的资质、信誉、实力外，还要考察其总公司或有实力的分公司的地域关系、优秀的项目经理、管理体制等，扣3分 6. 违规分包，扣5分		0.009	
		合同质量	1. 依法订立书面合同 2. 合同权责 3. 合同工期 4. 合同预付款、进度款、质保金、结算款条文	10	1. 未自中标通知书发出之日起30日内，按照招标文件和中标人的投标文件订立书面合同，扣3分 2. 双方权责不清晰，扣2分 3. 合同工期不合理，扣2分 4. 合同支付条款不合理，扣3分 5. 合同存在空白项，扣1分/项		0.009	
		造价质量	合同预付款、进度款、质保金、结算款管理	10	合同预付款、进度款、质保金、结算款管理不符合合同条款规定，在总得分扣1分/项		0.015	

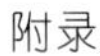

续表

目标层（一级）	准则层（二级）	指标层（三级）	评价内容	基准分	评分标准	实得分	指标权重	得分率（实得分/基准分×100%×权重）
施工项目部质量管理标准化	质量管理行为标准化	培训质量	培训记录	5	1. 未开展质量培训，扣5分 2. 培训记录内容不完善，扣1分/项		0.012	
		质量检查	质量检查记录	5	1. 未开展质量检查，扣5分 2. 质量检查记录不完善，扣1分/项		0.021	
		质量改进	1. 质量整改 2. 质量会议	10	1. 质量问题未闭环，扣1分/项 2. 质量会议未参与，扣5分 3. 质量会议内容不符合实际，扣1分/项		0.021	
		档案质量	档案资料	10	1. 未按规范要去建立质量管理档案，扣2分 2. 质量档案不齐全、不完整，每项扣1分 3. 质量档案弄虚作假，与工程实际不相符，每项扣1分 4. 质量档案与工程建设进度不同步，扣1分 5. 未设专人管理质量档案，扣1分 6. 未督促施工单位开展质量档案管理或未对施工单位质量档案管理情况进行检查，扣1分		0.015	
		质量标准	1. 质量标准清单 2. 质量标准应用	10	1. 未建立质量标准清单，扣10分 2. 质量标准清单未定期更新，扣5分 3. 质量标准清单应用检查记录不完善，扣1分/项		0.015	
		进度质量	进度管理	10	1. 未对项目进度控制情况、劳动力、机具投入情况进行检查及反馈，扣1分/项 2. 进度计划调整督查不及时，未形成履职文件扣1分/项		0.015	
		工器具质量	1. 安全工器具 2. 实验仪器	10	1. 未建立安全工器具、试验仪器台账，扣2分 2. 安全工器具、试验仪器未检验或检验失效，扣1分/项		0.018	

续表

目标层（一级）	准则层（二级）	指标层（三级）	评价内容	基准分	评分标准	实得分	指标权重	得分率（实得分/基准分×100%×权重）
施工项目部质量管理标准化	质量管理行为标准化	设备材料质量	1. 乙方提供的材料、构配件和设备 2. 材料检验	10	1. 使用不合格材料的，扣1分 2. 进场材料合格证明文件不符合要求的，扣1分 3. 无材料的管理台账及未设置材料进场验收台账的，扣1分 4. 现场未配备必要的规范、规程、标准、图集，未配备存放专柜的；扣1分 5. 现场材料分类堆放不整齐，状态标识不准确、不齐全的，扣1分 6. 材料样品库设置不规范，样品留设不符合要求，信息标识不完整的，扣1分 7. 仓库储存材料未划线定位、统一分类编号、合理堆码、堆放牢固、定量、整齐、节约和方便，扣1分 8. 对材料仓库必须及时检查，存在渗漏，特别是易受潮产品，未及时检查、掌握保质期时间、易燃易爆仓库，无标示严禁烟火，确保安全，扣1分 9. 施工材料未配备专人管理，扣1分		0.015	
		机械设备质量	机械设备管理	10	1. 未建立机械设备台账，扣2分 2. 机械设备未执行“八步骤”管理，扣1分/处		0.012	
		策划质量	施工策划文件	10	1. 施工组织设计编写、审批不规范，扣1分 2. 施工概况内容与现场实际不符合，扣1分 3. 未经审批擅自修改或调整施工组织设计与专项施工方案，扣1分 4. 未按批准的施工组织设计进行施工，扣1分 5. 施工组织设计无针对性和可操作性的，扣1分 6. 专项施工方案编写、审批不规范，扣1分 7. 专项方案实施前未进行交底，扣1分 8. 方案实施期间未落实监督管理责任，扣1分 9. 未按批准的专项施工方案进行施工，扣1分 10. 施工方案无针对性和可操作性的，扣1分 11. 超过一定规模的危险性较大的分部分项工程专项方案未按规定组织专家论证，扣1分		0.015	

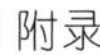

续表

目标层（一级）	准则层（二级）	指标层（三级）	评价内容	基准分	评分标准	实得分	指标权重	得分率（实得分/基准分×100%×权重）
施工项目部质量管理标准化	质量管理行为标准化	过程管理质量	1.“四步法”管理 2.“7S”管理 3.提出及解决施工过程中出现的问题 4.见证取样	10	1.“四步法”管理不到位，扣1分/处 2.“7S”管理不到位，扣1分/处 3.未及时提出及解决施工过程中出现的质量问题，扣1分/处 4.未及时进行见证取样，扣1分/处		0.024	
		检测质量	1.检测单位资质 2.试品试件报告	10	1.委托检验的检测单位资质不符合要求，扣2分/项 2.试品试件报告存在错漏，扣1分/项		0.015	
		人员管理质量	1.人员台账 2.实名制	10	1.未建立人员管理台账，扣3分 2.人员管理台账动态管理不到位，扣1分/项 3.施工人员未进行实名制管理，扣1分/人次		0.018	
		分包管理质量	1.分包资质 2.人员配备、持证 3.方案	10	1.分包资质与承接范围不一致，扣10分 2.分包人员配备或持证不符合要求，扣1分/人次 3.分包策划文件不符合工程实际，扣1分/处 4.未按国家和地方主管部门有关要求，未负责办理资产产权证明所需的工程建设许可及竣工验收相关手续和证件，扣1分		0.018	
		验收质量	1.隐蔽验收 2.按规定组织三级自检 3.申请验收 4.强制性条文记录	10	未按规定开展隐蔽验收、按规定组织三级自检、强制性条文检查、申请验收，扣2分/项		0.012	
		成品保护质量	成品保护措施	10	因成品保护措施不到位，成品受损，扣1分/处		0.006	

续表

目标层（一级）	准则层（二级）	指标层（三级）	评价内容	基准分	评分标准	实得分	指标权重	得分率（实得分/基准分×100%×权重）
施工项目部质量管理标准化	质量管理方法措施标准化	质量责任追溯制度	施工单位应建立工程质量责任追溯制度	5	1. 施工单位未针对工程质量责任追溯制度，扣5分 2. 制度内容不具备可操作性，扣1分/项		0.03	
		信息化应用	1. 资产信息系统应用 2. BIM技术 3. 智慧工地 4. 大数据 5. 云计算 6. 物联网 7. 其他信息系统	10	1. 应用大于3项得10分 2. 应用3项得5分 3. 应用2项得3分 4. 应用1项及以下不得分		0.05	
		质量管理体系建设	1. 质量管理体系 2. 检查整改制度 3. 应督促施工单位建立质量管控体系	10	1. 未建立质量管理体系，扣10分 2. 质量管理体系不健全，扣1分/项 3. 质量管理体系与项目实际不符合，无法落实，扣1分/项 4. 质量管理体系建设未制定实施计划，或实施计划不合理，扣1分/项 5. 质量管理体系未采用科学的管理方法，扣1分 6. 检查整改制度落实不到位，未形成闭环，每项扣1分 7. 未督促施工单位建立质量管理体系或未对施工单位质量管理体系开展情况进行检查的，扣2分		0.03	
		经济激励措施	1. 项目质量管理绩效考核制度 2. 工程支付 3. 奖罚措施	10	1. 项目针对质量管理未制定绩效考核制度，扣2分 2. 未严格执行合同约定支付工程款，扣2分 3. 未按绩效考核制度落实管理，扣1分		0.04	
		其他制度建设	项目管理相关制度	10	教育培训制度、质量策划制度、质量检查制度、质量验收制度、质量事故报告处理制度、质量考评制度、技术创新成果推广制度不完善，扣1分/项		0.05	

续表

目标层（一级）	准则层（二级）	指标层（三级）	评价内容	基准分	评分标准	实得分	指标权重	得分率（实得分/基准分×100%×权重）
施工项目部质量管理标准化	实体质量标准化	质量目标完成情况	质量日标完成情况	10	质量目标未完成，扣1分/项		0.045	
		运行质量	运行质量	10	运行投诉事件，扣1分/次		0.03	
		质量事故事件	质量事故	否决项	不得参与评价		—	
			质量事件	10	发生质量事件，扣5分/项		0.03	
		性能检测	性能检测报告	10	性能检测报告不合格，扣1分/项		0.06	
		质量记录	1. 验评记录 2. 隐蔽验收记录 3. 见证取样记录 4. 试验报告 5. 四项专项评价	10	1. 质量记录不完善或不真实，扣1分/项 2. 四项专项评价得分的算术平均数>90分，本项加3分		0.045	
		允许偏差	实体质量缺陷	20	扣1分/处		0.06	
		观感质量	1. 实体质量观感得分 2. 规划质量观感得分	20	1. 根据实体质量观感评分0～10分 2. 根据实体与环境、建筑协调性评分0～10分		0.03	
		质量奖项	国家级、省部级奖项	加分项	1. 工程获鲁班奖、国优奖（含中国安装之星），加0.5分/项 2. 行业优质工程奖，加0.2分/项 3. 工程获网公司优质工程奖（主网工程），加0.2分/项，工程获网公司优质工程奖（配网工程）加0.05分/项 4. 最高加2分			直接加至总分
		其他奖项	专利、QC、工法	加分项	1. 获得省部（网公司）级及以上管理创新成果奖项的，一等奖每项加0.3分、二等奖每项加0.2分、三等奖每项加0.1分 2. QC、工法成果：国家级一等奖0.3分，二等奖0.2分，三等奖0.1分 3. 获得发明专利每项加0.2分，新型实用专利每项加0.1分，软件著作权每项加0.1分 4. 最高加5分			直接加至总分

续表

目标层（一级）	准则层（二级）	指标层（三级）	评价内容	基准分	评分标准	实得分	指标权重	得分率（实得分/基准分×100%×权重）
施工项目部质量管理标准化	实体质量标准化	“五新”应用	—	加分项	1. 获得国家级的科技一等奖每项加1分、二等奖每项加0.5分、三等奖每项加0.3分；获得省部（网公司）级科技、技改贡献奖，一等奖每项加0.4分、二等奖每项加0.2分、三等奖每项加0.1分 2. 完成新技术应用试点工作，每项加0.1分，如上升为网公司标准每项另加0.3分 3. 最高加2分			直接加至总分
得分率汇总得分								
加分项得分								
综合考核得分（得分率汇总得分×100＋加分项得分）								

附表B-4-1　电力工程项目监理单位质量管理标准化评价评分表

目标层（一级）	准则层（二级）	指标层（三级）	评价内容	基准分	评分标准	实得分	指标权重	得分率（实得分/基准分×100%×权重）
监理单位质量管理标准化	管理机构与人员标准化	监理单位的资质等级	施工单位资质与工程任务相匹配	10	1. 主体工程存在超资质范围承接业务，扣10分 2. 配套工程超出资质范围，扣5分		0.04	
		管理机构的设立	1. 管理机构的设立文件 2. 管理机构负责人的授权文件	10	1. 无管理机构的设立文件，扣5分 2. 无管理机构负责人的授权文件，扣5分 3. 监理机构中总监理工程师与投标不一致，扣5分 4. 监理机构中其他技术人员与投标不一致，每项扣1分		0.04	
		人员职责分工及配备数量	1. 人员职责划分 2. 管理机构人员配备数量与项目管理需求相适应	20	1. 管理机构人员配置数量不满足项目管理需求，扣5分 2. 无专职质量管理人员，扣5分 3. 人员职责划分不明确，未建立岗位责任制，扣5分 4. 人员出勤率不满足项目管理需求扣5分 5. 人员岗位职责履行不到位，扣1分/人次		0.06	

续表

目标层（一级）	准则层（二级）	指标层（三级）	评价内容	基准分	评分标准	实得分	指标权重	得分率（实得分/基准分×100%×权重）
监理单位质量管理标准化	管理机构与人员标准化	人员持证	资格证书	10	1. 总监理工程师执业资格证书注册单位、年审记录存在瑕疵，每项扣2分 2. 项目其他专业技术人员执业资格证书注册单位、年审记录存在瑕疵，每项扣1分		0.06	
	质量管理行为标准化	质量目标	质量目标设置情况	10	1. 未明确质量管理目标，扣10分 2. 质量管理目标不符合实际，扣5分		0.012	
		投标质量	超越资质投标	10	存在超越资质投标，扣10分		0.009	
		合同质量	1. 依法订立书面合同 2. 合同权责 3. 合同工期 4. 合同预付款、进度款、质保金、结算款条文	10	1. 未自中标通知书发出之日起30日内，按照招标文件和中标人的投标文件订立书面合同，扣3分 2. 双方权责不清晰，扣2分 3. 合同工期不合理，扣2分 4. 合同支付条款不合理，扣3分 5. 合同存在空白项，扣1分/项		0.009	
		造价质量	1. 合同预付款、进度款、质保金、结算款管理 2. 工程款申请及记录 3. 工程量审核	10	1. 监理合同预付款、进度款、质保金、结算款管理不符合合同条款规定，在总得分扣1分/项 2. 工程款申请及审查记录存在缺失或不符合合同条款，扣1分/项 3. 工程量审核与实际不符，扣1分/项		0.015	
		培训质量	培训记录	5	1. 未开展质量培训，扣5分 2. 培训记录内容不完善，扣1分/项		0.012	
		质量检查	质量检查记录	5	1. 未开展质量检查，扣5分 2. 质量检查记录不完善，扣1分/项		0.021	
		质量改进	1. 质量整改 2. 质量会议	10	1. 质量问题未闭环，扣1分/项 2. 质量会议未召开，扣5分 3. 质量会议内容不符合实际，扣1分/项		0.017	

续表

目标层（一级）	准则层（二级）	指标层（三级）	评价内容	基准分	评分标准	实得分	指标权重	得分率（实得分/基准分×100%×权重）
监理单位质量管理标准化	质量管理行为标准化	档案质量	档案资料	10	1. 未按规范要去建立质量管理档案，扣2分 2. 质量档案不齐全、不完整，每项扣1分 3. 质量档案弄虚作假，与工程实际不相符，每项扣1分 4. 质量档案与工程建设进度不同步，扣1分 5. 未设专人管理质量档案，扣1分 6. 未督促施工单位开展质量档案管理或未对施工单位质量档案管理情况进行检查，扣1分		0.015	
		质量标准	1. 质量标准清单 2. 质量标准应用	10	1. 未建立质量标准清单，扣10分 2. 质量标准清单未定期更新，扣5分 3. 质量标准清单应用检查记录不完善，1分/项		0.018	
		进度质量	进度管理	10	1. 未对项目进度控制情况、劳动力、机具投入情况进行检查及反馈，扣1分/项 2. 进度计划调整督查不及时，未形成履职文件扣1分/项		0.010	
		监理配备质量	1. 监理工器具 2. 办公配置	10	1. 监理工器具检验失效，扣1分/项 2. 监理工器具及办公配备与策划不符，扣1分/项		0.015	
		项目管理行为质量	根据抽检项目管理机构与人员标准化、质量管理行为标准化、质量管理方法措施标准化评价实得分之和/基准分之和确定		—		0.147	

续表

<table>
<tr><th>目标层（一级）</th><th>准则层（二级）</th><th>指标层（三级）</th><th>评价内容</th><th>基准分</th><th>评分标准</th><th>实得分</th><th>指标权重</th><th>得分率（实得分/基准分×100%×权重）</th></tr>
<tr><td rowspan="7">监理单位质量管理标准化</td><td rowspan="5">质量管理方法措施标准化</td><td>质量责任追溯制度</td><td>监理单位应建立工程质量责任追溯制度</td><td>5</td><td>1. 监理单位未针对工程质量责任追溯制度，扣5分
2. 制度内容不具备可操作性，扣1分/项</td><td></td><td>0.03</td><td></td></tr>
<tr><td>信息化应用</td><td>1. 资产信息系统应用
2. BIM 技术
3. 智慧工地
4. 大数据
5. 云计算
6. 物联网
7. 其他信息系统</td><td>10</td><td>1. 应用大于3项得10分
2. 应用3项得5分
3. 应用2项得3分
4. 应用1项及以下不得分</td><td></td><td>0.05</td><td></td></tr>
<tr><td>质量管理体系建设</td><td>1. 质量管理体系
2. 检查整改制度
3. 应督促施工单位建立质量管控体系</td><td>10</td><td>1. 未建立质量管理体系，扣10分
2. 质量管理体系不健全，扣1分/项
3. 质量管理体系与项目实际不符合，无法落实，扣1分/项
4. 质量管理体系建设未制定实施计划，或实施计划不合理，扣1分/项
5. 质量管理体系未采用科学的管理方法，扣1分
6. 检查整改制度落实不到位，未形成闭环，每项扣1分
7. 未督促施工单位建立质量管理体系或未对施工单位质量管理体系开展情况进行检查的，扣2分</td><td></td><td>0.03</td><td></td></tr>
<tr><td>经济激励措施</td><td>1. 项目质量管理绩效考核制度
2. 工程支付
3. 奖罚措施</td><td>10</td><td>1. 项目针对质量管理未制定绩效考核制度，扣2分
2. 未严格执行合同约定支付工程款，扣2分
3. 未按绩效考核制度落实管理，扣1分</td><td></td><td>0.04</td><td></td></tr>
<tr><td>其他制度建设</td><td>项目管理相关制度</td><td>10</td><td>教育培训制度、质量策划制度、质量检查制度、质量验收制度、质量事故报告处理制度、质量考评制度、技术创新成果推广制度不完善，扣1分/项</td><td></td><td>0.05</td><td></td></tr>
<tr><td rowspan="2">实体质量标准化</td><td>质量目标完成情况</td><td>质量目标完成情况</td><td>10</td><td>质量目标未完成，扣1分/项</td><td></td><td>0.03</td><td></td></tr>
<tr><td>运行质量</td><td>运行质量</td><td>10</td><td>运行投诉事件，扣1分/次</td><td></td><td>0.03</td><td></td></tr>
</table>

续表

目标层（一级）	准则层（二级）	指标层（三级）	评价内容	基准分	评分标准	实得分	指标权重	得分率（实得分/基准分×100%×权重）
监理单位质量管理标准化	实体质量标准化	质量事故事件	质量事故	否决项	不得参与评价		—	
			质量事件	10	发生质量事件，扣5分/项		0.045	
		项目实体质量	根据抽检项目实体质量标准化评价实得分之和/基准分之和确定		—		0.195	
		质量奖项	国家级、省部级奖项	加分项	1. 工程获鲁班奖、国优奖（含中国安装之星），加0.5分/项 2. 行业优质工程奖，加0.2分/项 3. 工程获网公司优质工程奖（主网工程），加0.2分/项，工程获网公司优质工程奖（配网工程）加0.05分/项 4. 最高加2分			直接加至总分
		其他奖项	专利、QC、工法	加分项	1. 获得省部（网公司）级及以上管理创新成果奖项的，一等奖每项加0.3分、二等奖每项加0.2分、三等奖每项加0.1分 2. QC、工法成果：国家级一等奖0.3分，二等奖0.2分，三等奖0.1分 3. 获得发明专利每项加0.2分，新型实用专利每项加0.1分，软件著作权每项加0.1 4. 最高加5分			直接加至总分
		"五新"应用	—	加分项	1. 获得国家级的科技一等奖每项加1分、二等奖每项加0.5分、三等奖每项加0.3分；获得省部（网公司）级科技、技改贡献奖，一等奖每项加0.4分、二等奖每项加0.2分、三等奖每项加0.1分 2. 完成新技术应用试点工作，每项加0.1分，如上升为网公司标准每项另加0.3分。获得发明专利每项加0.2分，新型实用专利每项0.1分 3. 最高加2分			直接加至总分
得分率汇总得分								
加分项得分								
综合考核得分（得分率汇总得分×100+加分项得分）								

附表 B-4-2　电网建设工程项目监理项目部质量管理标准化评价评分表

目标层（一级）	准则层（二级）	指标层（三级）	评价内容	基准分	评分标准	实得分	指标权重	得分率（实得分/基准分×100%×权重）
监理项目部质量管理标准化	管理机构与人员标准化	监理单位的资质等级	施工单位资质与工程任务相匹配	10	1. 主体工程存在超资质范围承接业务，扣10分 2. 配套工程超出资质范围，扣5分		0.04	
		管理机构的设立	1. 管理机构的设立文件 2. 管理机构负责人的授权文件	10	1. 无管理机构的设立文件，扣5分 2. 无管理机构负责人的授权文件，扣5分 3. 监理机构中总监理工程师与投标不一致，扣5分 4. 监理机构中其他技术人员与投标不一致，每项扣1分		0.04	
		人员职责分工及配备数量	1. 人员职责划分 2. 管理机构人员配备数量与项目管理需求相适应	20	1. 管理机构人员配置数量不满足项目管理需求，扣5分 2. 人员职责划分不明确，未建立岗位责任制，扣5分 3. 人员出勤率不满足项目管理需求扣5分 4. 人员岗位职责履行不到位，扣1分/人次		0.06	
		人员持证	资格证书	10	1. 总监理工程师执业资格证书注册单位、年审记录存在瑕疵，每项扣2分 2. 项目其他专业技术人员执业资格证书注册单位、年审记录存在瑕疵，每项扣1分		0.06	

续表

目标层（一级）	准则层（二级）	指标层（三级）	评价内容	基准分	评分标准	实得分	指标权重	得分率（实得分/基准分×100%×权重）
监理项目部质量管理标准化	质量管理行为标准化	质量目标	质量目标设置情况	10	1. 未明确质量管理目标，扣10分 2. 质量管理目标不符合实际，扣5分		0.012	
		投标质量	超越资质投标	10	存在超越资质投标，扣10分		0.009	
		合同质量	1. 依法订立书面合同 2. 合同权责 3. 合同工期 4. 合同预付款、进度款、质保金、结算款条文	10	1. 未自中标通知书发出之日起30日内，按照招标文件和中标人的投标文件订立书面合同，扣3分 2. 双方权责不清晰，扣2分 3. 合同工期不合理，扣2分 4. 合同支付条款不合理，扣3分 5. 合同存在空白项，扣1分/项		0.009	
		造价质量	1. 合同预付款、进度款、质保金、结算款管理 2. 工程款申请及记录 3. 工程量审核	10	1. 监理合同预付款、进度款、质保金、结算款管理不符合合同条款规定，在总得分扣1分/项 2. 工程款申请及审查记录存在缺失或不符合合同条款，扣1分/项 3. 工程量审核与实际不符，扣1分/项		0.015	
		培训质量	培训记录	5	1. 未开展质量培训，扣5分 2. 培训记录内容不完善，扣1分/项		0.012	
		质量检查	质量检查记录	5	1. 未开展质量检查，扣5分 2. 质量检查记录不完善，扣1分/项		0.021	
		质量改进	1. 质量整改 2. 质量会议	10	1. 质量问题未闭环，扣1分/项 2. 质量会议未召开，扣5分 3. 质量会议内容不符合实际，扣1分/项		0.017	

续表

目标层（一级）	准则层（二级）	指标层（三级）	评价内容	基准分	评分标准	实得分	指标权重	得分率（实得分/基准分×100%×权重）
监理项目部质量管理标准化	质量管理行为标准化	档案质量	档案资料	10	1. 未按规范要去建立质量管理档案，扣2分 2. 质量档案不齐全、不完整，每项扣1分 3. 质量档案弄虚作假，与工程实际不相符，每项扣1分 4. 质量档案与工程建设进度不同步，扣1分 5. 未设专人管理质量档案，扣1分 6. 未督促施工单位开展质量档案管理或未对施工单位质量档案管理情况进行检查，扣1分		0.015	
		质量标准	1. 质量标准清单 2. 质量标准应用	10	1. 未建立质量标准清单，扣10分 2. 质量标准清单未定期更新，扣5分 3. 质量标准清单应用检查记录不完善，1分/项		0.018	
		进度质量	进度管理	10	1. 未对项目进度控制情况、劳动力、机具投入情况进行检查及反馈，扣1分/项 2. 进度计划调整督查不及时，未形成履职文件，扣1分/项		0.010	
		监理配备质量	1. 监理工器具 2. 办公配置	10	1. 监理工器具检验失效，扣1分/项 2. 监理工器具及办公配备与策划不符，扣1分/项		0.015	
		策划质量	1. 监理规划 2. 监理细则	10	监理规划、细则内容与工程实际不符，扣1分/处		0.018	
		审查质量	1. 施工报审文件审查 2. 设计图审查	10	施工报审文件、设计图存在缺失，未形成审查记录，扣1分/项		0.027	

续表

目标层（一级）	准则层（二级）	指标层（三级）	评价内容	基准分	评分标准	实得分	指标权重	得分率（实得分/基准分×100%×权重）
监理项目部质量管理标准化	质量管理行为标准化	旁站见证质量	旁站见证记录	10	未及时形成旁站见证记录或记录有误，扣1分/项		0.018	
		过程管理质量	1. 监理日志 2. 监理通知单 3. 质量缺陷通知单 4. WHS记录	15	1. 监理日志存在缺漏、错误等不符合实际的现象，扣1分/项 2. 监理通知单未闭环，扣1分/项 3. 质量缺陷通知单未闭环，扣1分/项 4. WHS记录不真实，扣1分/处		0.027	
		协调质量	1. 监理例会 2. 专题会议	10	1. 未按要求定期组织监理例会，扣1分/项 2. 未跟踪落实监理例会、专题会议事项，扣1分/项 3. 监理例会、专题会议纪要内容不全或不符合实际，扣1分/项		0.021	
		验收质量	1. 监理预验收 2. 竣工验收	10	1. 未及时组织监理预验收，扣5分 2. 监理预验收发现问题未跟踪闭环，扣1分/项 3. 未按要求参加建设单位、施工单位组织的验收，扣3分/次		0.021	
		项目总结质量	1. 监理总结 2. 质量评估报告	10	1. 未按规范撰写监理总结、工程质量评估报告，扣3分 2. 内容与实际不符，扣1分/项		0.015	
	质量管理方法措施标准化	质量责任追溯制度	监理单位应建立工程质量责任追溯制度	5	1. 监理单位未针对工程质量责任追溯制度，扣5分 2. 制度内容不具备可操作性，扣1分/项		0.03	
		信息化应用	1. 资产信息系统应用 2. BIM技术 3. 智慧工地 4. 大数据 5. 云计算 6. 物联网 7. 其他信息系统	10	1. 应用大于3项得10分 2. 应用3项得5分 3. 应用2项得3分 4. 应用1项及以下不得分		0.05	

续表

目标层（一级）	准则层（二级）	指标层（三级）	评价内容	基准分	评分标准	实得分	指标权重	得分率（实得分/基准分×100%×权重）
监理项目部质量管理标准化	质量管理方法措施标准化	质量管理体系建设	1. 质量管理体系 2. 检查整改制度 3. 应督促施工单位建立质量管控体系	10	1. 未建立质量管理体系，扣10分 2. 质量管理体系不健全，扣1分/项 3. 质量管理体系与项目实际不符合，无法落实，扣1分/项 4. 质量管理体系建设未制定实施计划，或实施计划不合理，扣1分/项 5. 质量管理体系未采用科学的管理方法，扣1分 6. 检查整改制度落实不到位，未形成闭环，每项扣1分 7. 未督促施工单位建立质量管理体系或未对施工单位质量管理体系开展情况进行检查的，扣2分		0.03	
		经济激励措施	1. 项目质量管理绩效考核制度 2. 工程支付 3. 奖罚措施	10	1. 项目针对质量管理未制定绩效考核制度，扣2分 2. 未严格执行合同约定支付工程款，扣2分 3. 未按绩效考核制度落实管理，扣1分		0.04	
		其他制度建设	项目管理相关制度	10	教育培训制度、质量策划制度、质量检查制度、质量验收制度、质量事故报告处理制度、质量考评制度、技术创新成果推广制度不完善，扣1分/项		0.05	
	实体质量标准化	质量目标完成情况	质量目标完成情况	10	质量目标未完成，扣1分/项		0.03	
		运行质量	运行质量	10	运行投诉事件，扣1分/次		0.03	
		质量事故事件	质量事故	否决项	不得参与评价		—	
			质量事件	10	发生质量事件，扣5分/项		0.045	

续表

目标层（一级）	准则层（二级）	指标层（三级）	评价内容	基准分	评分标准	实得分	指标权重	得分率（实得分/基准分×100%×权重）
监理项目部质量管理标准化	实体质量标准化	性能检测	性能检测报告	10	性能检测报告不合格，扣1分/项		0.06	
		质量记录	1. 验评记录 2. 隐蔽验收记录 3. 旁站记录 4. 见证取样记录 5. 四项专项评价	10	1. 质量记录不完善或不真实，扣1分/项 2. 四项专项评价得分的算术平均数>90分，本项加3分		0.045	
		允许偏差	实体质量缺陷	20	监理未发现或要求整改，扣1分/处		0.06	
		观感质量	1. 实体质量观感得分 2. 规划质量观感得分	20	1. 根据实体质量观感评分0～10分 2. 根据实体与环境、建筑协调性评分0～10分		0.03	
		质量奖项	国家级、省部级奖项	加分项	1. 工程获鲁班奖、国优奖（含中国安装之星），加0.5分/项 2. 行业优质工程奖，加0.2分/项 3. 工程获网公司优质工程奖（主网工程），加0.2分/项，工程获网公司优质工程奖（配网工程）加0.05分/项 4. 最高加2分			直接加至总分
		其他奖项	专利、QC、工法	加分项	1. 获得省部（网公司）级及以上管理创新成果奖项的，一等奖每项加0.3分、二等奖每项加0.2分、三等奖每项加0.1分 2. QC、工法成果：国家级一等奖0.3分，二等奖0.2分，三等奖0.1分 3. 获得发明专利每项加0.2分，新型实用专利每项加0.1分，软件著作权每项加0.1分 4. 最高加5分			直接加至总分

续表

目标层（一级）	准则层（二级）	指标层（三级）	评价内容	基准分	评分标准	实得分	指标权重	得分率（实得分/基准分×100%×权重）
监理项目部质量管理标准化	实体质量标准化	“五新”应用	—	加分项	1. 获得国家级的科技一等奖每项加1分、二等奖每项加0.5分、三等奖每项加0.3分；获得省部（网公司）级科技、技改贡献奖，一等奖每项加0.4分、二等奖每项加0.2分、三等奖每项加0.1分 2. 完成新技术应用试点工作，每项加0.1分，如上升为网公司标准每项另加0.3分 3. 最高加2分			直接加至总分
得分率汇总得分								
加分项得分								
综合考核得分（得分率汇总得分×100＋加分项得分）								

参 考 文 献

[1] 张晟，肖莉萍. 标准化与质量管理浅析 [J]. 机械工业标准化与质量，2009，5：44-45.

[2] 张晓予. 标准化对企业质量管理的作用 [J]. 上海船舶运输科学研究所学报，2014，1：81-83.

[3] 王守旭. 试析工序质量管理标准化 [J]. 中国标准化，1995，5：28-30.

[4] 陈婵婵. 标准化与质量管理的 PDCA 循环 [J]. 航天标准化，2002，6：27-30.

[5] 侯莹莹，杨雷. 企业标准化与质量管理 [J]. 江苏科技信息，2012，11：19-20.

[6] 奥博. 浅析全面质量标准化在企业管理中的创新及应用 [J]. 内蒙古科技与经济，2012，9：39-41.

[7] 郁国庆，刘建明. 质量管理标准化的孤岛现象及改进思路 [J]. 水科学与工程技术，2013，1：87-90.

[8] 屈利相. 刍议电网建设工程项目标准化管理 [J]. 项目管理技术，2008，3：57-60.

[9] Gibb A. G. F.，Frank Isack. Client drivers for construction projects：implications for standardization [J]. Engineering，Construction and Architectural Management，2001，8 (1)：46-58.

[10] 白秀国. 建筑企业电网建设工程项目标准化管理浅析 [J]. 科学之友 (B版)，2009，12：93-94.

[11] 赵维军. 英国企业管理标准化述评 [J]. 中国港湾建设，2006，2：67-70.

[12] 邹贤伟. 浅谈施工项目的标准化管理 [J]. 中国新技术新产品，2009，4：150.

[13] 唐明智. 谈石化企业推行安全标准化管理 [J]. 石油化工建设，2009，2：30-31.

[14] 孙跃生. 浅谈如何加强电网建设工程的标准化管理 [J]. 中国科技财富，2010，4：31-32.

[15] 张庆红. 坚定不移地推行电网建设工程项目标准化管理 [J]. 铁道工程企业管理，2010，6：15-16.

[16] 陈子望. 浅谈企业现场标准化管理 [J]. 施工技术，2008 (S1)：461-463.

[17] 陆彦，陈亮. 新加坡对电网建设工程质量的管理 [J]. 东南亚纵横，2011，5：27-29.

[18] 周焯华，张宗益. 电网建设工程质量评定的层次分析法 [J]. 重庆建筑大学学报，1997，6：79-85，92.

[19] 陶冶，陈阳，梁勉. 工程质量综合评价方法 [J]. 湖南大学学报 (自然科学版)，1999，6：108-112.

[20] 孟文清，石华旺，李万庆. 基于人工神经网络的电网建设工程质量模糊综合评价 [J]. 工程建设与设计，2004，12：67-69.

[21] 郭汉丁，王凯. 电网建设工程质量竣工备案评价体系 [J]. 长安大学学报 (社会科学版)，2006，1：19-23.

[22] 郑利娜. 电网建设工程施工阶段质量管理绩效评价体系研究 [D]. 西安：西安建筑科技大学，2010.

[23] 张文利，杨君岐，艾晓宇. 工程质量的模糊综合评价体系研究与应用 [J]. 公路交通科技 (应用技术版)，2016，12，1：288-291.

[24] 雷志鹏. 内蒙古电巴输电工程Ⅱ标段施工质量管理综合评价 [D]. 北京：华北电力大学，2014.